网络社区发现与搜索

马慧芳　编著

科学出版社
北　京

内 容 简 介

本书介绍网络社区发现与搜索方法，包括经典方法与前沿方法。全书共 7 章，按内容可分为四部分，分别是基础知识、社区发现方法、社区搜索方法及总结与展望。第一部分包括第 1、2 章，主要介绍社区发现与社区搜索的基础知识。第二部分包括第 3、4 章，其中，第 3 章介绍经典社区发现方法，主要包括基于模块度优化的社区发现方法、基于聚类的社区发现方法及其他社区发现方法；第 4 章详细介绍基于深度学习的社区发现方法。第三部分包括第 5、6 章，介绍拓扑图上的社区搜索方法和属性图上的社区搜索方法。第四部分为第 7 章，介绍社区发现与社区搜索的总结与展望。

本书可作为高等院校计算机类、信息类相关专业的参考书，也可供相关领域研究人员阅读参考。

图书在版编目(CIP)数据

网络社区发现与搜索/马慧芳编著. —北京：科学出版社, 2023.3
ISBN 978-7-03-074052-6

Ⅰ. ①网… Ⅱ. ①马… Ⅲ. ①计算机网络-计算机算法-研究
Ⅳ. ①TP393.027

中国版本图书馆 CIP 数据核字(2022) 第 227409 号

责任编辑：祝　洁／责任校对：崔向琳
责任印制：赵　博／封面设计：陈　敬

科学出版社 出版
北京东黄城根北街 16 号
邮政编码：100717
http://www.sciencep.com
北京天宇星印刷厂印刷
科学出版社发行　各地新华书店经销
*
2023 年 3 月第　一　版　开本: 720×1000　1/16
2024 年 1 月第二次印刷　印张: 9 1/2
字数: 189 000

定价: 98.00 元

(如有印装质量问题，我社负责调换)

前　言

网络社区发现与搜索是网络分析领域中一个经久不衰的重要问题。网络中的社区指的是一组由节点及与其相连的边紧密形成的实体。社区发现旨在遵循“社区中的节点紧密相连，不同社区间的节点稀疏相连”的规则对实体集合进行聚类。本书从网络和社区的定义、社区发现与社区搜索的经典和前沿方法、社区发现与社区搜索的挑战与机遇三个层面阐述网络社区发现与搜索任务。

本书介绍必要的背景知识以更好地帮助初学者理解网络社区，并提供有关方法的全面概述。对于该领域研究人员而言，本书提供一个新的视角，旨在更加全面地介绍社区发现和社区搜索方法。对于从事经典社区检测和搜索工作的人员，本书将展示社区搜索问题如何在算法效率和网络动力学方面与常用模型交互，并介绍社区检测提出的新挑战。对于致力于社区搜索研究的学者，本书希望通过与新的网络分析和数据挖掘模型结合最新发展来激发新的研究方向。

西北师范大学计算机科学与工程学院多年致力于网络分析领域的研究。本书作者在国内外网络社区发现与搜索相关教材、专著及论文成果基础之上，针对教师教学及科研工作的需要和特点编撰本书。与同类图书相比，本书具有如下三个特点。

(1) 核心内容突出：网络社区发现与搜索涉及的内容众多，本书紧紧围绕网络社区发现与搜索的核心内容，从知识基本原理、方法设计思路、实践分析技术等多个方面介绍。

(2) 由浅及深：对于初学者，网络社区发现与搜索的内容相对抽象和难以理解。为此，本书通过背景介绍、实践需求等多种方法使读者容易入门并理解其知识内容。

(3) 例证丰富：网络社区发现与搜索的知识理论性强、算法设计复杂，需要较强的逻辑分析思维。为此，本书在重点章节提供详尽的例证及具体算法理解分析，使读者能够快速地掌握网络社区发现与搜索的基本概念和技术。

本书吸取了国内外同行的研究成果和有关文献的精华，在此谨向这些成果和文献作者表示感谢，他们丰硕的成果和贡献是本书学术思想的重要源泉。本书的顺利撰写离不开作者的恩师——史忠植研究员的支持，他的鼓励和帮助使作者在网络分析和理解领域有了更深刻认识。感谢作者研究生团队成员赵琪琪、昌阳、李青青、李举、张晓晖、杨凡亿、王文涛、张若一、闫彩瑞等在写作过程中的帮助和支持。还要感谢作者的家人，本书的撰写工作占用了大量的业余时间，没有家人的理解和支持，本书不可能完成。

本书的相关研究工作得到国家自然科学基金项目“基于图聚集技术的微博用户重叠社区发现方法研究”（批准号：61762078）和“基于主题建模的微博语义理解与热点话题识别研究”（批准号：61363058）的支持，在此一并感谢。

限于作者水平和经验，加上网络分析领域发展较快，书中不妥之处在所难免，恳请各位专家和广大读者不吝指教。

目　　录

第 1 章　绪　　论

1.1　引　　言

网络的研究始于 1736 年欧拉的哥尼斯堡七桥问题，那时人们对网络及其数学性质开始感兴趣并开展了各种研究。20 世纪 60 年代，两位匈牙利数学家 Erdos 和 Renyi 提出的随机图理论被公认为是数学上复杂网络理论的首创性的系统研究。近年来，计算机技术的不断发展为学者们提供了丰富的计算资源来处理和分析网络数据，人们能处理的真实网络规模也有了相当大的增长，达到了数百万甚至数十亿个节点的规模。正因如此，大规模网络的处理方式发生了巨大变化。此外，关于网络的科学研究融合了数学、物理学、生物学、计算机科学、社会科学和许多其他领域的思想，其发展也得益于不同学科研究人员的贡献。本节用一致的语言和符号整合网络知识，使其串联为一个整体。

1. 网络概述

网络中包含若干节点和连接这些节点的边，表示诸多对象及其之间的相互联系[1]。进入 21 世纪之前，一般认为网络的结构是随机的。Barabási 等[2] 和 Watts 等[3] 在 1999 年和 1998 年分别发现了网络的无标度和小世界特性，并分别在世界著名期刊《科学》和《自然》上发表了研究成果之后，人们才认识到网络所具有的复杂性。图 1.1 为一个由 6 个节点和 9 条边组成的小网络示例。

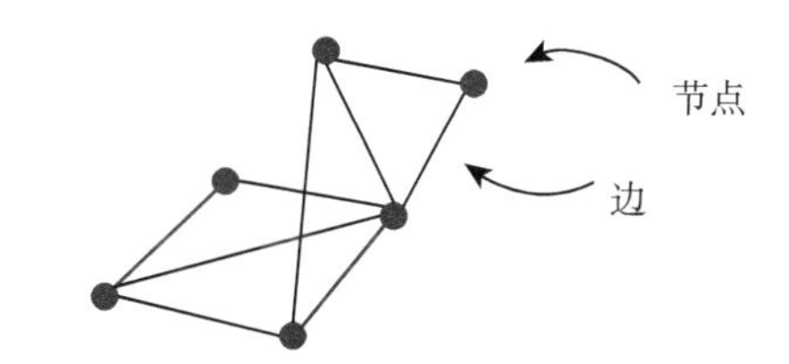

图 1.1　由 6 个节点和 9 条边组成的小网络示例

数学上，网络是一种图，不失一般性地又专指加权图。除了数学上的定义外，网络还有其具体的物理含义，即网络是从某种相同类型的实际问题中抽象出来的模型。在计算机领域中，网络是信息传输、接收、共享的虚拟平台，能够把各个点、面、体的信息联系到一起，实现资源共享的目标。网络是人类发展史上最重要的发明之一，促进了科技的进步和人类社会的发展。作为一种简化表示，网络将一个系统简化为一个抽象结构，只捕获连接模式的基本信息，而很少涉及其他方面。网络中的节点和边可以用附加信息标记，以获取系统的更多细节。

许多领域的科学家已经提出了用于分析、建模和理解网络的数学计算和统计工具，这些工具中大多数是从一个简单的网络表示开始的，即一组节点和边，如图 1.1 所示。经过计算，可以获取关于网络的一些有用信息，如从一个节点到另一个节点的路径长度。其他工具采用网络模型的形式，这些模型可以对网络上发生的过程进行数学预测，如互联网上的流量流动方式或疾病在社区中的传播方式。因为这些工具以抽象的形式处理网络，所以理论上它们几乎可以应用于任何以网络表示的系统。因此，如果对某个系统感兴趣，并且它可以被有效地表示为一个网络，那么就有上百种不同的工具，可以立即应用到系统分析中。当然，并不是所有的测量或计算都能得到有意义的结果。因此，网络是表示系统各部分之间连接或交互模式通用且强大的手段。

2. 真实网络概述

网络最简单的形式就是由节点和边组成的集合。在网络中，点称为“节点”或“顶点”，线称为“边”。在许多学科分支中，网络被定义为表示复杂系统各组成部分之间连接模式的一种数据结构。自然界中存在着大量的复杂系统，都可以通过各种形式的网络进行描述。一个典型的网络包含许多节点与连接两个节点之间的边。节点表示不同的个体，边表示不同个体间的关系，其存在于具有某种特定关系的两个节点之间。如果网络中两个节点之间存在边，则这两个节点存在相邻关系。例如，社交网络中的节点表示人，边表示各种不同类型的社会交互，包括友谊、协作、业务关系或其他。

为了更直观地了解真实网络，下面介绍两个真实网络案例。

Internet 网络：又称互联网络，指的是网络与网络串连成的庞大网络，这些网络以一组通用的协议相连，形成逻辑上的单一巨大国际网络，如图 1.2 所示。在 Internet 网络中，节点代表计算机，边代表数据连接，如光缆之间的信号传输。通

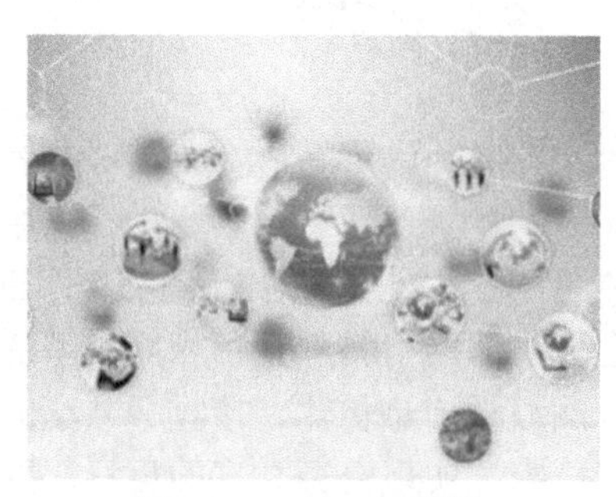

图 1.2　Internet 网络

常 internet 泛指互联网，而 Internet 则特指因特网。一般将计算机网络互相关联在一起的方法称为“网络互联”，而在此基础上发展出的覆盖全世界的全球性互联网络则称为互联网，即互相连接在一起的网络结构。互联网与万维网并不等同，万维网是基于超文本而相互连接的全球性系统，且是互联网所能提供的服务之一。

在线社交网络：在互联网的推动下，Facebook、Google+、Twitter 新浪微博、知乎和豆瓣等大型在线社交网站的出现，刺激了对在线社交网络上社区发现的不断研究，见图 1.3。随着大规模社交网络数据的大幅增长，带动社区发现领域发展出许多令人兴奋的应用，如社交圈发现和有影响力的社区搜索。此外，随着智能手机设备的兴起，在线社交网络带动了地理社交网络（也称为“基于位置的社交网络”）的快速增长，如 Foursquare、Yelp、Google+ 和 Facebook Places。在地理社交网络中，用户与位置信息（如家乡和办理登机手续的地点）相关联，而社区由在社交层中紧密联系的用户以及在空间层上距离较近的用户组成。

图 1.3 在线社交网络

1.2 基本术语

1. 网络分类

本部分描述并定义一些社区发现与搜索中的常用网络，分为四类，即技术网络[4]、社交网络[5]、信息网络[6] 和生物网络[7]，列出每类网络中常见的示例，并介绍用于检测这些网络结构的基本技术。

1）技术网络

技术网络是指在 20 世纪成长起来并构成现代技术社会支柱的物理基础设施网络。技术网络中最具代表性的是因特网，因特网是计算机和相关设备之间物理数据连接的世界性网络。因特网是一个分组交换的数据网络，这意味着通过它发送的信息被分解成分组、小块数据，分别通过网络发送，并在另一端重新组合成完整的信息。数据包的格式遵循因特网协议 (internet protocol, IP) 的标准，并且需要在每个数据包中指定数据包目的地的 IP 地址，以便可以在网络中正确地路由。因特网最简单的网络表示法是用网络中的节点表示计算机和其他设备，而边表示其内部的物理连接，如光纤线路。事实上，普通的计算机大多只占据网络“外部”的节点，即数据往来的节点，并不充当其他计算机之间数据流动的中间点(实际上，大多数计算机只有一个网络连接，所以它们不可能位于其他计算机之间的路径上)。因特网的“内部”节点主要是路由器，它是功能强大的专用计算机，位于数据线之间的连接处，接收数据包并将其朝一个方向或另一个方向转发到预定目的地。

2）社交网络

社交网络中的节点是一个人或一群人，节点间的边代表了他们之间某种形式的社交互动。社交网络中十分重要的一点是网络中的边可能有许多不同的定义，如个人之间的友谊，但也可能代表职业关系、商品或金钱交换、沟通模式，或许多其他类型的联系。例如，如果用户对财富五百强公司董事会之间的专业互动感兴趣，那么由 Facebook 页面组成的网络相对于用户可能就没有多大用处。此外，人们用来探索不同类型社交互动的技术也可能有很大不同，因此通常需要不同类型的社交网络研究来解决不同类型的问题。

3）信息网络

信息网络是通过某种方式连接在一起的数据项所形成的网络。据目前研究可知，信息网络是人为设计的，而其中最著名的就是万维网。万维网中的节点是由文本、图片或其他信息组成的 Web 页面，而边是允许从一个页面导航到另一个页面的超链接。由于超链接只在一个方向上运行，因此 Web 是一个有向网络。此外还有许多其他网络值得研究，如各种引文网络。通常在论文末尾的参考文献中，如果论文 A 在其参考文献中引用 B，则可以构造一个节点为论文的网络，存在从 A 指向 B 的有向边。

4）生物网络

网络在生物学的许多分支中被广泛应用，作为适当生物元素之间相互作用模式的方便表示。例如，分子生物学家用网络来表示细胞内化学物质之间的化学反应模式，神经科学家用网络来表示脑细胞之间的联系模式，生态学家则研究生态系统中物种之间的相互作用网络，如捕食或合作。近年来最受关注的生物网络中，有生物化学网络以及代表生物细胞内分子水平相互作用模式和控制机制的网络。该领域研究的主要网络类型是代谢网络、蛋白质–蛋白质相互作用网络和遗传调控网络。

2. 网络描述形式

本部分介绍用于描述和分析网络的基本理论工具，其中大部分来自图论。图论是一个包含许多研究内容的大领域，在这里只描述了其中的部分内容，重点关注与现实网络研究最相关的内容。网络是由边和节点构成的集合。节点和边在计算机科学中也称为节点和链接，在物理学中称为站点和纽带。表 1.1 为特定网络中节点和边的一些示例。

表 1.1　特定网络中节点和边的一些示例

网络	节点	边
万维网	网页	超链接
引用网络	文章	引用关系
社交网络	人	社交关系
合著关系网络	作者	合著关系
共同购买网络	产品	共同购买关系

在本书中，通常用 n 表示网络中的节点数，用 m 表示边数。本书中介绍的大多数网络在任何一对节点之间最多只有一条边。在极少数情况下，节点对之间可能有多条边，将这些边统称为多边。在将要讨论的大多数网络中，没有将节点连接到自身的边，尽管在少数情况下会出现这样的边，这种边称为自边或自循环。一个既没有自边又没有多边的网络称为简单网络或简单图，具有多边的网络称为多图。图 1.4 和图 1.5 分别为简单图示例以及具有多边和自边的非简单图示例。

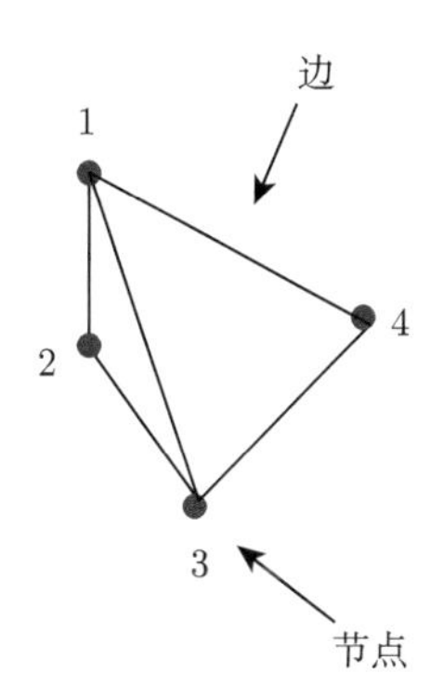

图 1.4　简单图示例

1）邻接矩阵

网络的一个最基础的表示是邻接矩阵，其中简单图的邻接矩阵 $\boldsymbol{A}$ 由式 (1.1) 计算：

$$A_{ij}=\begin{cases}1, & \text{若节点}v_i\text{ 和}v_j\text{ 之间存在边}\\ 0, & \text{其他}\end{cases}\tag{1.1}$$

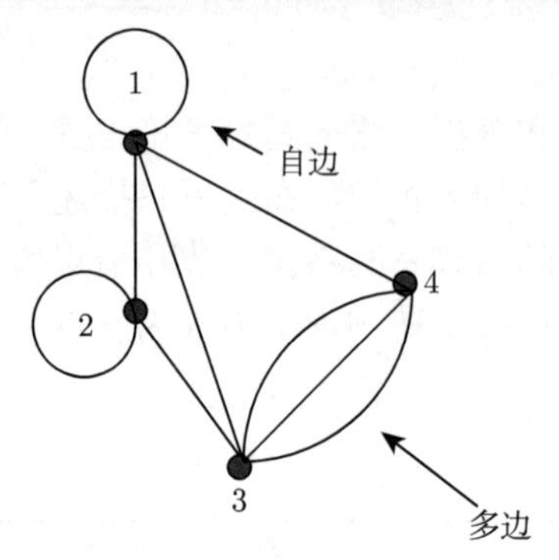

图 1.5　非简单图示例

图 1.4 的邻接矩阵如式 (1.2) 所示：

$$A = \begin{pmatrix} 0 & 1 & 1 & 1 \\ 1 & 0 & 1 & 0 \\ 1 & 1 & 0 & 1 \\ 1 & 0 & 1 & 0 \end{pmatrix} \tag{1.2}$$

需要注意的是，对于没有自环的网络，如简单网络，其邻接矩阵对角元素都为零。另外，邻接矩阵是对称的，即节点 v_i 和 v_j 的边关系是对等的，同时邻接矩阵也可以用来表示多边和自边。通过将对应的矩阵元素 A_{ij} 设置为边的多重性来表示多边，如节点 v_i 和 v_j 之间的双边由 $A_{ij} = A_{ji} = 2$ 表示。

图 1.5 的邻接矩阵如式 (1.3) 所示：

$$A = \begin{pmatrix} 1 & 1 & 1 & 1 \\ 1 & 1 & 1 & 0 \\ 1 & 1 & 0 & 3 \\ 1 & 0 & 3 & 0 \end{pmatrix} \tag{1.3}$$

2）加权网络

在某些情况下，将边表示为具有强度或权重（通常为实数）是有意义的[8]。例如，在因特网中，边表示沿其流动的数据量的权重；在食物网络中，捕食者和被捕食者之间的相互作用可能是衡量被捕食者和捕食者之间总能量流的权重；在社交网络中，连接可能具有表示参与者之间接触频率的权重。这种加权网络可以通过给出邻接矩阵值的元素等于相应连接的权重来表示。式 (1.4) 的邻接矩阵表示一个加权网络，其中节点 1 和 2 之间的连接强度是节点 1 和 3 之间的两倍，而节点 1 和 3 之间的连接强度又是节点 2 和 3 之间的两倍。

$$
\boldsymbol{A}=\begin{pmatrix} 0 & 2 & 1 \\ 2 & 0 & 0.5 \\ 1 & 0.5 & 0 \end{pmatrix} \tag{1.4}
$$

3）有向网络

有向网络简称为有向图，是指每一条边都有方向，即从一个节点指向另一个节点的网络[9]。有向网络中的边被称为有向边，见图 1.6。现实生活中存在许多有向网络的例子，如万维网的超链接从一个网页链接到另一个网页；食物网络中的能量从猎物流向捕食者；引文网络中引文从一篇论文引向另一篇论文，这些都是典型的有向网络。

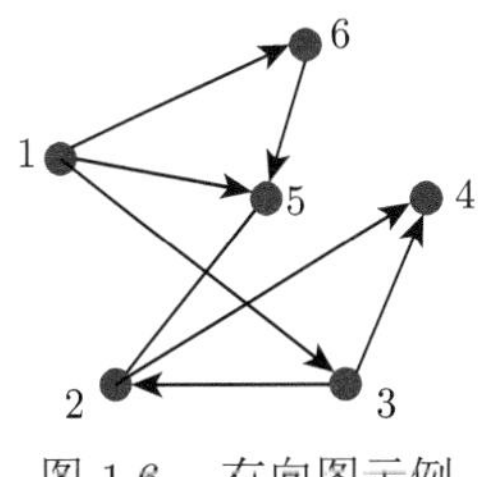

图 1.6　有向图示例

4）超图

在某些类型的网络中，存在一条边同时连接两个以上节点的现象，这种网络就称为超图[10]。例如，可能希望创建一个代表更大社区中的家庭的社交网络。家庭中可以有两个以上的人，在这种家庭中表示家庭关系的最好方法是使用一种连接两个以上节点的广义边，这种边称为超边，具有超边的网络称为超图。图 1.7 为超图的一个示例，其中超边用循环表示。

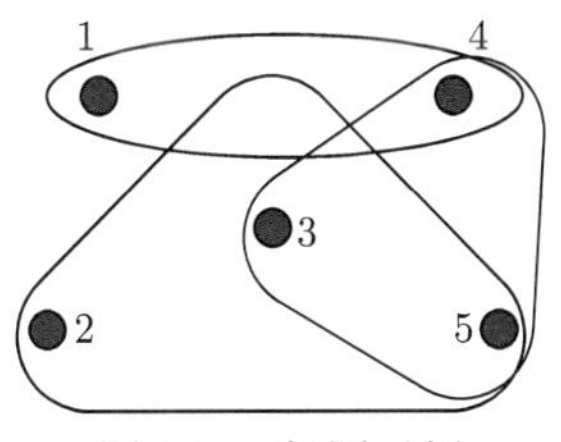

图 1.7　超图示例

现实世界中的许多网络可以用超图表示。具体地，任何一个网络，其中的节点是通过某种群的公共成员关系连接在一起的，都可以用超图来表示。在社会学中，这种网络被称为“隶属关系网络”，如公司董事会的董事、论文合著者和电影演员都是此类网络。

5）二部网络

二部网络是一种特殊的异构信息网络，该网络有两种类型节点[11]。例如，可以将电影演员网络表示为一个二部网络，其中两种类型的节点分别是演员本身和其出演的电影。二部网络中的边只在不同类型的节点之间链接，如电影网络中，仅有演员和电影之间存在链接，每个演员将通过一条边连接到其参演的每部电影。图 1.8 为一个二部网络示例。

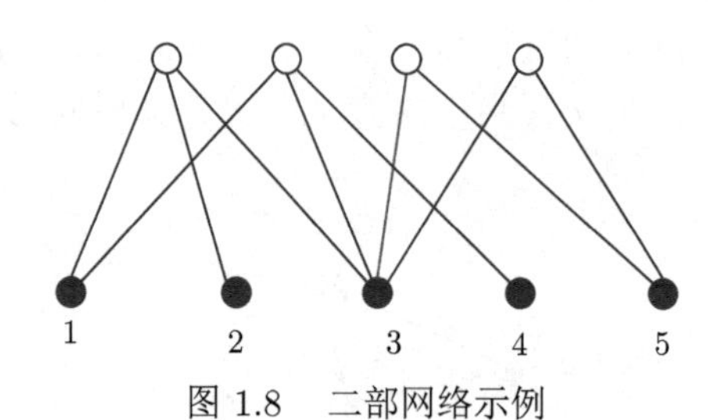

图 1.8　二部网络示例

1.3　网络可视化

t 分布随机邻域嵌入 (t-distributed stochastic neighbor embedding，t-SNE①) 是用于降维的一种机器学习算法，适用于将高维数据降到 2 维或者 3 维来实现可视化。t-SNE 是由随机邻域嵌入 (stochastic neighbor embedding，SNE) 发展而来[12]。本节首先介绍 SNE 的基本原理，再扩展到 t-SNE[13]，之后介绍 t-SNE 的实现以及一些优化方法。

1. SNE

SNE 是通过仿射 (affine) 变换将数据点映射到概率分布上，其过程主要包括两步：

(1) 构建一个高维对象之间的概率分布，使得相似对象有更高的概率被选中，而不相似对象则会以较低的概率被选中。

(2) 在低维空间里构建这些对象的概率分布，使得这两个概率分布尽可能相似。

t-SNE 模型是非监督的降维方法，通过将欧式距离转换为条件概率来表达点与点之间的相似度。具体而言，给定一组 N 个高维的数据 $x_1, x_2, \cdots, x_N$（注意 N 不是维度），t-SNE 首先计算条件概率 $p_{j|i}$，其正比于 x_i 和 x_j 之间的相似度

① https://github.com/search?q=t-SNE。

（这种概率是自主构建的），即

$$p_{j|i} = \frac{\exp\left[-\left\|x_i - x_j\right\|^2 / (2\delta_i^2)\right]}{\sum\limits_{k\neq i}\exp\left[-\left\|x_i - x_k\right\|^2 / (2\delta_i^2)\right]} \tag{1.5}$$

其中，参数 δ_i 对于不同样本 x_i 的点取值不一样，后续会讨论如何设置。这里设置 $p_{i|i} = 0$。

将上述 N 个高维映射到低维空间中，并表示为 $y_1, \cdots, y_N$，类似地，在低维空间条件概率 $q_{j|i}$ 为

$$q_{j|i} = \frac{\exp\left(-\left\|y_i - y_j\right\|^2\right)}{\sum\limits_{k\neq i}\exp\left(-\left\|y_i - y_k\right\|^2\right)} \tag{1.6}$$

其中，$q_{i|i} = 0$。

若降维效果比较好，则表明局部特征保留完整。因此优化两个分布之间的距离 KL 散度 (Kullback-Leibler divergences)，代价函数 (cost function) 如下：

$$C = \sum_i \mathrm{KL}(P_i||Q_i) = \sum_i \sum_j p_{j|i} \log_2 \frac{p_{j|i}}{q_{j|i}} \tag{1.7}$$

式中，P_i 为给定 x_i 下其他所有数据点的条件概率分布；Q_i 为给定 y_i 时其他所有数据点的条件分布。值得一提的是，KL 散度具有不对称性，在低维映射中不同的距离对应的惩罚权重是不同的。具体来说，以距离较远的两个点来表达距离较近的两个点会产生更大误差；相反，以较近的两个点来表达较远的两个点产生的误差相对较小（注意，类似于回归容易受异常值影响，但效果相反）。SNE 会倾向于保留数据中的局部特征。

下面开始正式推导 SNE。首先，不同的点具有不同的 δ_i，P_i 的熵 (entropy) 会随着 δ_i 的增大而增大。SNE 使用困惑度 (perplexity) 的概念，通过二分搜索的方式来寻找一个最佳的 δ_i。其中困惑度指：

$$\mathrm{perp}(P_i) = 2^{H(P_i)} \tag{1.8}$$

式中，$H(P_i)$ 为 P_i 的熵，即

$$H(P_i) = -\sum_j p_{j|i} \log_2 p_{j|i} \tag{1.9}$$

可以将困惑度理解为一个点附近的有效近邻点个数。SNE 对困惑度的调整比较具有鲁棒性，通常选择 5~50，给定之后，使用二分搜索的方式寻找合适的 δ_i。

2. t-SNE

尽管 SNE 提供了很好的可视化方法，但其很难优化，且存在“拥挤问题”(crowding problem)。van der Maaten 等[13] 针对此问题提出了 t-SNE 方法。

优化 $p_{i|j}$ 和 $q_{i|j}$ 之间 KL 散度的另一种思路是使用联合分布来替换条件分布，即 P 为高维空间里各个点的联合分布，Q 为低维空间下的联合分布，代价函数为

$$C = \mathrm{KL}(P||Q) = -\sum_i \sum_j p_{i,j} \log_2 \frac{p_{ij}}{q_{ij}} \tag{1.10}$$

式中，p_{ii} 和 q_{ii} 为 0，将这种 SNE 称为对称 SNE (symmetric SNE)。该方法假设了对于任意 i，$p_{ij} = p_{ji}$，$q_{ij} = q_{ji}$，因此概率分布可以改写为

$$p_{ij} = \frac{\exp\left(-\left\|x_i - x_j\right\|^2 / (2\delta_i^2)\right)}{\sum\limits_{k \neq l} \exp\left(-\left\|x_k - x_l\right\|^2 / (2\delta_i^2)\right)} \tag{1.11}$$

$$q_{ij} = \frac{\exp\left(-\left\|y_i - y_j\right\|^2\right)}{\sum\limits_{k \neq l} \exp\left(-\left\|y_k - y_l\right\|^2\right)} \tag{1.12}$$

尽管这种表达方式会使整体简洁很多，但会引入异常值的问题。例如，x_i 是异常值，那么 $\|x_i - x_j\|^2$ 会很大，对应的所有的 j、p_{ij} 都会很小（之前是仅在 x_i 下很小），使得低维映射下的 y_i 对误差影响很小。

为了解决这个问题，将联合概率分布定义修正为 $p_{ij} = (p_{i|j} + p_{j|i})/2$，这保证了 $\sum\limits_j p_{ij} > 1/2n$，使得每个点对于误差都会有一定的贡献。对称 SNE 的最大优点是梯度计算变得简单了，计算如下：

$$\frac{\partial C}{\partial y_i} = 4\sum_j (p_{ij} - q_{ij})(y_i - y_j) \tag{1.13}$$

在实验中，发现对称 SNE 能够产生和 SNE 一样好的效果，有时甚至略好一点。

使用 t-SNE 梯度更新的两大优势总结如下：① 对于不相似的点，用一个较小的距离会产生较大的梯度以使这些点相互排斥。② 这种排斥又不会无限大（梯度中分母），避免不相似的点距离太远。

3. 算法过程

t-SNE 算法存在的局限性如下，其算法过程如算法 1.1 所示。

算法 1.1 t-SNE 算法

数据：数据点 $X = x_1, x_2, \cdots, x_n$
计算 cost function 的参数：困惑度 perp
优化参数: 设置迭代次数 T，学习速率η，动量 $\alpha(t)$
目标结果是低维数据表示 $Y^t = y_1, y_2, \cdots, y_n$
开始优化
  计算在给定 perp 下的条件概率 $p_{j|i}$(参见式 (1.5))
  令 $p_{ij} = (p_{i|j} + p_{j|i})/2n$
  用 $N(0, 10^{-4}I)$ 随机初始化 Y
  迭代，从 t=1 到 T，做如下操作：
    计算低维度下的 q_{ij}(参见式 (1.12))
    计算梯度（参见式 (1.13)）
    更新 $Y^t = Y^{t-1} + \eta(\mathrm{d}C/\mathrm{d}Y) + \alpha(t)(Y^{t-1} - Y^{t-2})$
  结束
结束

(1)t-SNE 算法主要用于可视化，很难用于其他目的，如测试集合降维，这是因为没有显式的预估部分，不能在测试集合直接降维。

(2) t-SNE 倾向于保存局部特征，对于本身维数就很高的数据集，不可能完整地映射到 2 维或 3 维的空间。

(3) t-SNE 没有唯一最优解，且没有预估部分。如果想要做预估，可以考虑降维之后，再构建一个回归方程之类的模型去做。但是要注意，t-SNE 中距离本身是没有意义，都是概率分布问题。

(4) t-SNE 训练速度慢。

1.4 本章小结

本章主要介绍了网络的含义、真实网络概述、网络分类、网络表述形式及网络可视化的基础知识。本章的介绍与分析可使读者对网络的相关知识有一定的了解。

参考文献

[1] BANDYOPADHYAY S, VIVEK S V, MURTY M N, et al. Outlier resistant unsupervised deep architectures for attributed network embedding[C]. The 13th International Conference on Web Search and Data Mining, Houston, TX, USA, 2020: 25-33.

[2] BARABÁSI A L, ALBERT R. Emergence of scaling in random networks[J]. Science, 1999, 286(5439): 509-512.

[3] WATTS D J, STROGATZ S H. Collective dynamics of 'small-world' networks[J]. Nature, 1998, 393(6684): 440-442.

[4] KLEINBERG J. The convergence of social and technological networks[J]. Communications of the ACM, 2008, 51(11): 66-72.

[5] PIPERGIAS ANALYTIS P, BARKOCZI D, LORENZ-SPREEN P, et al. The structure of social influence in recommender networks[C]. The Web Conference 2020, Taipei, China, 2020: 2655-2661.

[6] LIN W. Distributed algorithms for fully personalized pagerank on large graphs[C]. The World Wide Web Conference, Taipei, China, 2019: 1084-1094.

[7] PENG J, ZHU L, WANG Y, et al. Mining relationships among multiple entities in biological networks[J]. IEEE/ACM Transactions on Computational Biology and Bioinformatics, 2019, 17(3): 769-776.

[8] LE N T, VO B, NGUYEN L B Q, et al. Mining weighted subgraphs in a single large graph[J]. Information Sciences, 2020, 514: 149-165.

[9] CHEN Y, ZHANG J, FANG Y, et al. Efficient community search over large directed graphs: An augmented index-based approach[C]. The 29th International Conference on International Joint Conferences on Artificial Intelligence (IJCAI), Yokohama, Japan, 2021: 3544-3550.

[10] ZHANG Y, WANG N, CHEN Y, et al. Hypergraph label propagation network[C]. The AAAI Conference on Artificial Intelligence, New York, USA, 2020, 34(4): 6885-6892.

[11] YANG Y, FANG Y, ORLOWSKA M E, et al. Efficient bi-triangle counting for large bipartite networks[J]. Proceeding of the VLDB Endowment, 2021, 14(6): 984-996.

[12] HINTON G, ROWEIS S. Stochastic neighbor embedding[C]. The 16th Conference on Neural Information Processing Systems, Vancouver, Canada, 2002, 15: 833-840.

[13] VAN DER MAATEN L, HINTON G. Visualizing data using t-SNE[J]. Journal of Machine Learning Research, 2008, 9(11): 2579-2605.

第 2 章　社区分析基本知识

真实的网络往往具有高的不均匀性，显示出高度的有序性和组织性。此外，网络中节点度分布很广，尾部通常遵循幂律，许多低度节点与一些大度节点共存。此外，边的分布是局部不均匀的，边主要集中在特定的节点组中，并且这些节点组之间的集中度很低。真实网络的这一特性称为社区结构，是本书的主题。社区又称为簇或模块，是一组节点，这些节点可能共享公共属性和/或在图中扮演类似角色。本章将介绍社区分析的基本知识。

2.1　社区发现与社区搜索概述

社区分析是网络中挖掘数据的重要部分之一，涉及的相关知识范围广且种类多，本节将选取与社区分析相关的角度，从社区定义、社区发现与搜索方面阐述社区分析的基本知识。

2.1.1　社区的定义

1. 定义社区

社区发现与搜索的首要问题是给出社区的合理定义。然而，目前没有一个被普遍认可的定义。直觉上，社区内部的边应该比连接社区节点（也可称为顶点）与图其余部分的边更加密集，因此社区通常被看作是较大网络中的密集子网。此外，社区的一个必要性质是连通性，即社区中任意一对节点可达。研究人员从局部社区、全局社区和基于节点相似性的社区三个角度总结了社区定义[1]。

局部社区是指由图中某一部分节点集和边集构成的社区。在某种程度上，局部社区可以被视为独立的实体。例如，社交社区可以被定义为一个局部社区，社区中成员都是彼此的“朋友”。生活中，人们都有社交圈，但人们更关注于自己的朋友圈。采用图的术语来说，社交社区对应于一个团/簇，即一个节点彼此相邻的子集。网络分析中有时未必需要整体网络的信息，有时受限于问题复杂性而无法获取到全部网络数据，如何高效地捕获局部社区信息显得尤为重要。因此，把社区独立于整个图来分析是有意义的。

全局社区是指社区可以作为一个整体来定义。在一定情况下，各个社区是图的主要部分，不能把它们拆开，这样会严重影响整体网络结构。网络分析中捕获局部社区具有效率高的优势，但不能全方位、多角度地挖掘网络的全局信息。全局社区是从整体角度研究网络特性，但受限于计算量大，因此效率不高。

基于节点相似性的社区是指由一组彼此相似的节点构成的社区。无论节点之间是否有一条边相连接，都可根据相似度计算公式计算出每对节点之间局部或全局属性的相似性。每个节点最终隶属于与该节点最相似的社区中。相似性度量是基于传统的方法进行计算的，如层次划分和谱聚类。

2. 真实社区分析

尽管社区不是大规模结构的唯一形式，但可以很好地说明该领域当前研究的性质和范围，已经成为近年来的研究热点。事实上，发现网络中存在的社区有许多现实的应用。例如，在顾客与在线零售商品之间的购买关系网络中识别出具有相似兴趣的顾客群体，可以更好地引导顾客浏览零售商品列表，从而增加商机。另外，通过识别社区及其边界，可以根据其在社区中的结构位置对节点进行分类。社区中心的节点与社区内其他节点之间存在着大量的连边，在社区中具有控制和稳定的重要作用，而位于社区边界的节点起着重要的中介作用，引导不同社区之间的关系和交流。

图 2.1 展示了三个经典网络实例。图 2.1(a) 为 Zachary 的空手道俱乐部成员网络，经常被用作测试社区检测算法的基准数据集。该网络由 34 个节点组成，这些节点表示美国一个被观察研究了三年的空手道俱乐部全体成员。在某一时期，俱乐部主席和教练之间的冲突导致俱乐部分裂成两个分别支持俱乐部主席和教练的独立小组（用方形和圆形表示）。通过观察图 2.1(a) 可以发现，该图划分为两个社区，一个围绕节点 33 和 34（34 表示俱乐部主席），另一个围绕节点 1（教练），节点 34 和 1 分别位于两个社区中心位置，与社区中其他节点共享大量的边。从图 2.1(a) 中还可以识别出两个社区之间的边界节点，如 3、9、10，这些节点经常被社区检测方法错误分类到上述两个社区中，在两个社区之间起着重要的中介作用。

图 2.1(b) 展示了圣达菲研究所（Santa Fe Institute, SFI）科学家合作网络。该网络中共有 118 个节点，代表着研究所中常驻科学家以及与他们有合作关系的合作者们，边代表科学家合作发表过至少一篇论文。可视化展示时以不同的形状区分了不同的研究学科。在这个网络中，人们可以观察到许多研究派系，由于同一篇论文的作者都是相互联系的，因此每一类研究派系中大量的边连接紧密。然而，大多数不同社区之间连接边较少，反映出不同研究派系的科学家们之间联系较少。

图 2.1(c) 展示了新西兰的海豚网络。网络中节点表示 62 只海豚，边表示两只海豚一起出现过，这些动物一起出现的次数比预期的要多。在一只海豚离开某一

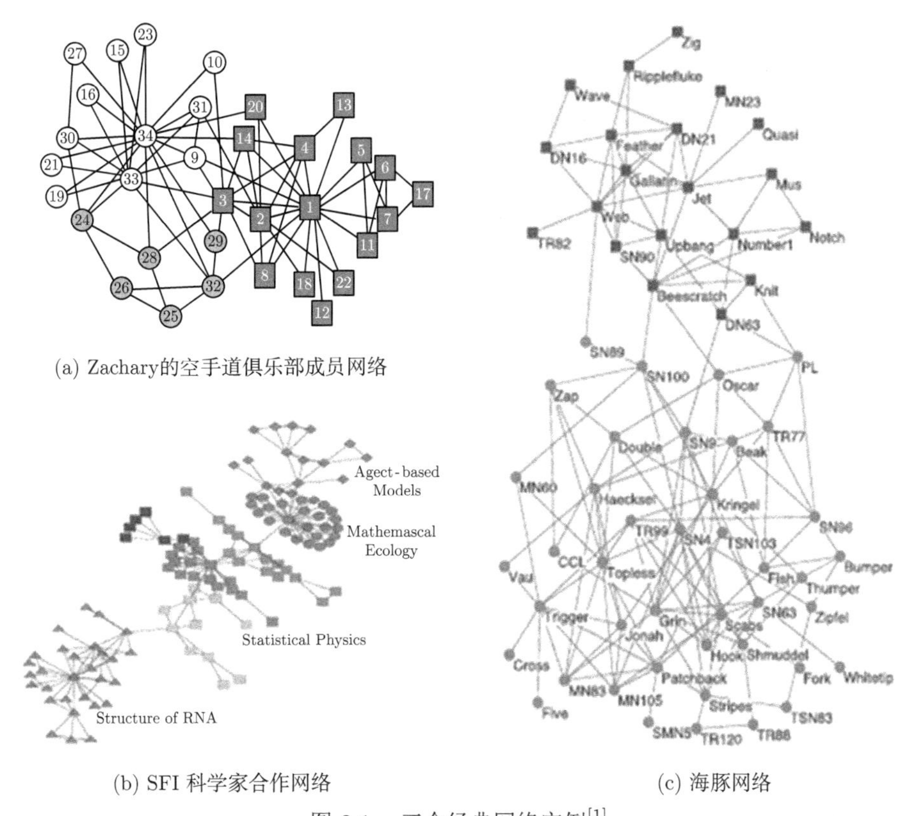

(a) Zachary的空手道俱乐部成员网络

(b) SFI 科学家合作网络

(c) 海豚网络

图 2.1　三个经典网络实例[1]

海域一段时间后，其余海豚将会分成两组 [图 2.1(c) 中的方形和圆形节点]。这样的社区划分结果非常有凝聚力，其中有一些内部小社区，并且很容易识别：只有 6 条边连接不同组的节点。由于海豚的这种自然社区划分，海豚网络和图 2.1(a) 所示的空手道俱乐部成员网络经常被用来测试社区分析算法。

2.1.2　社区分析常用技术

1. 社区发现与搜索关键概念

1）KL 散度

KL 散度又称相对熵 (relative entropy) 或信息散度 (information divergence)，用于度量两个概率分布之间的差异。给定两个概率分布 P 和 Q，二者之间的 KL 散度定义为

$$\mathrm{KL}(P||Q)=\int_{-\infty}^{\infty}p(x)\log_2\frac{p(x)}{q(x)}\mathrm{d}x \tag{2.1}$$

式中，$p(x)$ 和 $q(x)$ 分别为 P 和 Q 的概率密度函数。

KL 散度满足非负性，即

$$\mathrm{KL}(P||Q) \geqslant 0 \tag{2.2}$$

当且仅当 $P = Q$ 时 $\mathrm{KL}(P||Q) = 0$。但是，KL 散度不满足对称性，即

$$\mathrm{KL}(P||Q) \neq \mathrm{KL}(Q||P) \tag{2.3}$$

因此，KL 散度不是一个度量。

若将 KL 散度的定义式 (2.1) 展开，可得

$$\begin{aligned}\mathrm{KL}(P||Q) &= \int_{-\infty}^{\infty} p(x)\log_2 p(x)\mathrm{d}x - \int_{-\infty}^{\infty} p(x)\log_2 q(x)\mathrm{d}x \\ &= -H(P) + H(P,Q)\end{aligned} \tag{2.4}$$

式中，$H(P)$ 为熵 (entropy)；$H(P,Q)$ 为 P 和 Q 的交叉熵。在信息论中，$H(P)$ 表示对来自 P 的随机变量进行编码所需的最小字节数，而 $H(P,Q)$ 则表示使用基于 Q 的编码对来自 P 的变量进行编码所需的字节数，因此 KL 散度可认为是使用基于 Q 的编码对来自 P 的变量进行编码所需的“额外”字节数。显然，额外字节数必然非负，当且仅当 $P = Q$ 时额外字节数为零。

2）聚类

聚类是最基本的数据分析任务之一[2]，聚类算法是将相似的样本分组到同一类别中[3,4]。在过去的几十年里，大量聚类算法已经被提出，并成功地应用于各种实际问题中，如图聚类[5] 和文本聚类[6]。

图聚类是一个长期的研究课题，早期的方法是采用各种浅层方法进行图聚类。使用集中度指数等指标来发现社区边界并发现社交社区。许多基于嵌入学习的方法将现有的聚类算法应用于学习嵌入。

这些方法的局限性在于：① 它们仅捕获网络信息的一部分或内容与结构数据之间的浅层关系；② 将它们直接应用于稀疏原始图，这些方法均不能有效地利用图结构与节点内容信息之间的相互作用。

近年来，随着深度学习的突破，人工智能和机器学习的研究热潮给相关领域带来了很大转变，在聚类等许多重要任务上取得了巨大成功，因此深度聚类引起了广泛的关注。深度聚类的基本思想是将聚类的目标融入深度学习的强大表示能力中。因此，学习有效的数据表示是深度聚类的关键前提。迄今为止，深度聚类方法已经达到了最先进的性能，成为事实上的聚类方法。

2. 社区搜索关键概念

1）结构凝聚性指标

内聚子图是由特定结构组织的节点关系图，这种特定结构通常描述了图中节点的紧密程度。目前，在社区搜索领域广泛使用的度量指标包括 k-core、k-truss、k-clique 和 k-ECC 等，这些衡量图结构内聚属性紧密程度的指标在社区搜索任务中充当着“指路人”的重要角色。

2）随机游走

随机游走常被用来缓解其他利用度量指标优化的社区搜索方法中存在的“搭便车效应”的影响。基于随机游走的社区搜索方法思想是利用网络的局部邻域结构来计算网络中的其他节点与查询节点的亲近度，进而将收敛后的亲近度值降序排列，通过电导等一系列约束计算排序后节点所形成的社区内聚性，选择使度量指标最优的节点集作为目标局部社区返回。

3）谱子空间

局部谱社区搜索方法通过查询节点集周围的局部特征张成的谱子空间来定位其所在的局部社区结构。该类方法从用户给定的少量查询节点集出发，通过采样策略来近似局部谱的不变子空间，然后将社区搜索问题转换为线性规划问题，运用求解线性规划的方法寻找局部谱子空间中以查询节点集为支撑的稀疏向量，从而达到定位查询节点所在社区的目的。

4）图神经网络

受深度学习和图卷积网络在许多图学习问题中结合属性和结构的巨大成功启发，研究人员提出了基于图神经网络 (graph neural networks, GNNs) 的端到端监督模型，旨在利用数据驱动特点为不同图建模不同拓扑结构，并考虑属性与图信息之间的相关性，扩展图神经网络模型以支持查询操作。这种利用神经网络的社区搜索模型避免了现有两阶段方法结构不灵活和属性不相关性的局限性。

2.1.3　社区发现方法

1. 社区发现概述

社区发现 (community detection) 又称社区检测，是用来揭示网络聚集行为的一种技术。近年来，社区发现得到了快速发展。复杂网络领域中的研究者 Newman 提出模块度 (modularity) 的概念，使得网络社区划分的优劣可以有一个明确的评价指标来衡量。一个网络在不同情况下的社区划分结果对应不同的模块度，模块度越大，对应的社区划分越合理；相反，如果模块度越小，则对应的网络社区划分越模糊。

社区发现任务具有挑战性，部分原因是无法依据一个精确的公式在任意网络中找到局部密集区域。正如以上所述，社区没有一种严格的定义，因此很难保证某一社区发现算法在任何网络中都具有良好性能。社区发现算法根据特定任务定义的社区，试图找到最佳的网络划分结果[2,3,7-9]。然而，尽管社区发现研究存在困难，研究人员仍然提出了一系列方法，这些方法可以捕获大规模网络结构的真实社区信息。

2. 社区发现方法分类

为了更好地研究网络社区，研究人员划分出两类社区发现方法，分别为经典社区发现方法和基于深度学习的社区发现方法。下面将详细介绍两类社区发现方法。

1）经典社区发现方法

(1) 基于模块度优化的社区发现方法。

基于模块度优化的社区发现方法基本思想是定义一个评估网络划分质量的目标函数，然后搜索具有最高分数的可能的划分结果。基于模块度优化的社区发现方法中最为经典的是模块度，下面将详细阐述模块度方法。

模块度常用于衡量社区划分质量的好坏，其主要思想是如果社区中的边数比随机放置下的边数多，那么说明这样的网络划分结果是最佳的，且这时的模块度是最大的，具体模块度公式如下：

$$Q=\frac{1}{2}\sum_{ij}\left[A_{ij}-\frac{k_ik_j}{2m}\right]\delta_{s_i,s_j} \tag{2.5}$$

式中，A_{ij} 为网络邻接矩阵 $\boldsymbol{A}$ 中的一个元素，表示节点 v_i 和 v_j 之间是否连接边的情况（通常为 0 或 1）；k_i 为节点 i 的度数；s_i 为节点 v_i 所属社区的标签；δ 为指示函数。对于有 m 条边的网络，如果节点之间的边随机放置，则落在节点 v_i 和 v_j 之间的预期数量由 $k_ik_j/(2m)$ 计算得出。因此，节点 v_i 和 v_j 之间的实际边数减去预期数量是 $A_{ij}-k_ik_j/(2m)$。

尽管优化模块度是一种有效的社区发现方法，但仍然具有一定的局限性。模块度方法忽略了存储在社区之间边的信息，由于模块度是通过仅计数社区内的边来计算的，因此可以以任何方式移动社区间的边，而模块度的值根本不会改变。

(2) 基于层次聚类的社区发现方法。

层次聚类所使用的最常见的连接强度度量方法是两个节点 v_i、v_j 拥有网络邻居的数量 n_{ij}。例如，在友谊的社交网络中，具有许多共同朋友的两个人更有可能比几乎没有共同朋友的两个人连接紧密，因此可以使用共同朋友的数量作为连接强度的度量。然而，实际网络分析中不是使用原始数量 n_{ij}，而是通常以某种方式对其进行归一化，从而引入如 Jaccard 系数和余弦相似度的度量。一旦定义了连接强度的度量，就可以以分层方式将节点组合在一起，先将每个节点划分为单个小组，然后将这些组聚合为更大的小组，依此类推。

图 2.2 为基于余弦相似度的社交网络 Zachary 的空手道俱乐部成员网络层次聚类示意图。从下至上观察图 2.2，该图以树或“树状图”的形式显示了层次聚类过程的输出，表示节点被组合在一起成为社区的顺序；在底部将每个节点分为独立小组，然后向上根据节点余弦相似度聚合节点形成更大的组，直到到达顶部，将所有节点都聚集到一个组中；横向观察图中的节点划分，可看到不同粒度下的社区。

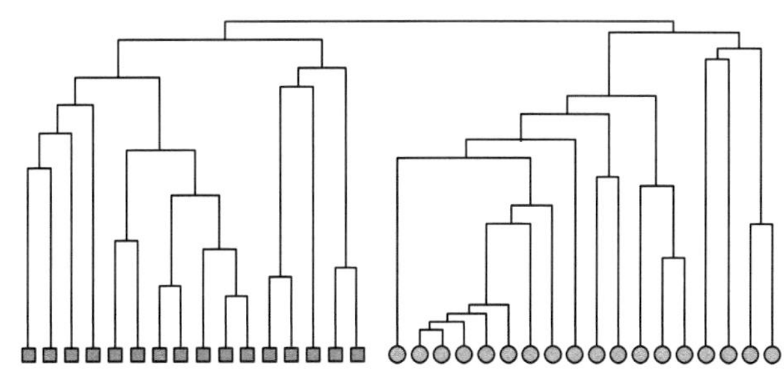

图 2.2　基于余弦相似度的社交网络 Zachary 的空手道俱乐部成员网络层次聚类示意图[10]

层次聚类方法容易理解和实现，但并不适用于任何网络中的社区发现任务。由于层次聚类方法依据不同的强度测量方法可得到不同的社区结果，因此不清楚哪种结果是真实的网络社区结果。此外，该方法倾向于将连接强度最大的那些节点聚合在一起，而忽略那些连接较弱的节点，因此产生的划分结果可能不是真实结果，而是由密集核心组成的社区。为此，研究人员希望找到一种更可靠的方法。

(3) 其他社区发现方法。

现阶段，经典的全局社区发现方法可以大致分为两类：一是基于统计建模模型，将链接模型和内容模型结合起来挖掘属性图中的社区；二是基于混合概率模型，其主要思想是以概率方法对复杂网络的社区进行搜索，以求得期望最大的社区结构。

块模型是一种网络生成模型，通过拟合统计网络模型来获得网络结构。在一个网络模型中，每个节点以指定的一组概率 p_{rs} 被分配给若干标记的组或社区，其表示组 r 中的节点与组 s 中的节点之间将存在概率 p_{rs}。例如，块模型可用于生成具有某种特定社区结构的随机网络。通过使得同一社区中的节点连边的概率高，而不同社区之间节点的连边概率低，然后独立地以一组概率生成一组边，可以产生在社区内连接紧密且在社区之间连接稀疏的人工网络。

块模型方法局限于检测网络中的传统社区结构（社区内部连接紧密，社区之间连接稀疏)。原则上，块模型可以检测任何类型的可以被表述为概率模型的网络结构，包括重叠社区，二分网络及许多其他类型的社区结构。

2）基于深度学习的社区发现方法

(1) 基于深度图嵌入的社区发现。

深度图嵌入是一种将网络中的节点映射到低维向量空间的技术，同时在节点表示中保存尽可能多的结构信息。图嵌入方法适合于基于网络分析的机器学习任务，如链接预测、节点分类和节点聚类。得到图嵌入之后，k-means 等聚类方法可以支持社区发现。近年来的研究主要集中在设计以学习图嵌入表示深度学习方法，并结合经典的聚类方法应用于下游任务。这样“嵌入–聚类”的两步框架很难操作，通常会导致性能欠佳，这主要是因为图嵌入不是目标导向的，即是为特定的聚类任务设计的。

(2) 基于图神经网络的社区发现。

图神经网络是图挖掘和深度学习的技术融合，近年来的快速发展表明，GNNs 能够对基于图数据中的复杂关系进行建模和捕获。先前基于图神经网络的工作试图共同解决社区发现和节点表示学习。近年来，基于深度图神经网络的聚类方法广泛引起了研究人员的兴趣，深度聚类方法旨在将深度表示学习与聚类目标相结合。所有基于图神经网络的聚类方法都依赖于重构邻接矩阵来更新模型，这些方法只能从图结构中学习数据表示，而忽略了数据本身的特点。同时，这类方法的性能可能仅限于社区结构之间的重叠。

2.1.4 社区搜索方法

1. 社区搜索概述

社区是理解许多真实世界网络（如社交网络、生物网络、协作网络）基本结构的工具。不同应用场景下的社区搜索问题吸引了越来越多研究者的关注，如动态图上的社区搜索和基于地理位置的社区搜索等。社区搜索不同于已有研究的社区发现问题，即查找整个网络中的所有社区，而是通过查询节点找到内聚社区。

正如以上所述，社区搜索是查找包含给定查询节点集的内聚社区。由于网络中不同节点定义的社区有所差异，基于查询节点的社区搜索开辟了以用户为中心、个性化搜索[8]的研究前景。例如，在一个社交网络中，以某个人的高中同学形成的社区可能与其家庭成员形成的社区有很大差异，而家庭成员形成的社区又可能与其同事形成的社区有很大差异[9]。

2. 社区搜索方法分类

根据社区搜索在不同场景的应用，介绍基于密集子图的社区搜索、基于属性图的社区搜索、基于社交圈的社区搜索和基于地理位置的社区搜索。

1）基于密集子图的社区搜索

基于密集子图的社区搜索聚焦于网络中社区连接结构的紧密程度，目标是根据给定的一组查询节点，寻找包含所有查询节点的连接密集子图。提出了基于不同密集子图的社区模型，包括 γ-quasi-k-clique[9]、最密集子图[10] 和 k-core[2-5]。

2）基于属性图的社区搜索

许多真实社交网络中节点包含属性信息。例如，一个人可能拥有包括姓名、兴趣和技能等在内的属性信息。除了网络结构之外，用户还可以搜索与属性相关的社区即属性社区。属性社区不仅要求社区内节点间的密集连接，还要求同一社区内的节点共享相似的属性[6,11]。

3）基于社交圈的社区搜索

在线社交网络允许用户在个人社交应用（如微信）上建立社交圈。社交圈是一种仅由朋友组成的特殊社区。社交圈搜索的任务是自动识别给定用户的所有社交圈。社交圈可用于内容过滤、隐私保护以及分享其他人可能希望关注的用户组。

4）基于地理位置的社区搜索

在基于地理位置的社交网络中，许多用户共享他们的位置，这使得一种新的计算模式能够明确地将位置和社交因素结合起来，从而产生对商业或社会有益的信息。基于地理位置的查询目标是搜索在社交和空间方面紧密联系的用户群[12-14]。实际应用包括推荐附近的朋友聚会场所，一家餐厅向附近的一群亲密朋友推送移动优惠券等。

2.2　数据集与评价指标

近年来，社区分析成为研究网络的热点，研究人员根据 2.1 节介绍的社区定义，采用不同的社区分析数据集及评价指标，进行社区发现及社区搜索任务。本节将介绍用于社区分析实验的人工数据集和公共数据集、常用社区分析的评价指标。

2.2.1　数据集

1. 人工数据集

基于人工生成模型 LFR① 可以生成人工网络，其特征在于节点度和社区规模的非均匀性分布。如今，由其生成的具有不同节点数目社区的基准网络被认为是社区发现的标准测试网络，这些社区内部节点之间基于属性相似且彼此连接紧密并合理分配一定的属性信息。表 2.1 为 LFR 基准生成参数表。

① https://github.com/search?q=LFR+benchmark+graphs。

表 2.1 LFR 基准生成参数表

参数	描述	参数	描述
N	节点数	Max k	最大度
k	平均度	μ	混合参数
Min C	社区规模最小值	τ_1	社区规模分布的负指数
Max C	社区规模最大值	τ_2	度数序列的负指数
O_n	重叠的节点数	O_m	重叠节点隶属社区的个数

2. 真实数据集

真实数据集包括斯坦福大学和复旦大学等在内的多个科研机构收集整理的包含社交网络、共同购买网络、合著关系网络和引文网络的常用数据集。部分真实数据集基本信息如表 2.2 所示。

表 2.2 部分真实数据集基本信息

<table>
<tr><th>网络</th><th>类别</th><th>数据集</th><th>节点个数</th><th>边个数</th><th>属性信息</th></tr>
<tr><td rowspan="11">属性网络</td><td rowspan="4">社交网络</td><td>Youtube</td><td>1.1M</td><td>3M</td><td>用户信息</td></tr>
<tr><td>Facebook</td><td>1.9K</td><td>8.9K</td><td>用户信息</td></tr>
<tr><td>Twitter</td><td>81K</td><td>1.77M</td><td>用户信息</td></tr>
<tr><td>Orkut</td><td>3.1M</td><td>117M</td><td>用户信息</td></tr>
<tr><td>共同购买网络</td><td>Amazon</td><td>335K</td><td>926K</td><td>产品信息</td></tr>
<tr><td rowspan="2">合著关系网络</td><td>DBLP</td><td>317K</td><td>1K</td><td>研究领域</td></tr>
<tr><td>ArXiv</td><td>18K</td><td>198K</td><td>研究领域</td></tr>
<tr><td rowspan="4">引文网络</td><td>Cora</td><td>2708</td><td>1433</td><td>关键词</td></tr>
<tr><td>Citeseer</td><td>3327</td><td>3703</td><td>关键词</td></tr>
<tr><td>Pubmed</td><td>19K</td><td>44K</td><td>关键词</td></tr>
<tr><td>Citation</td><td>48K</td><td>119K</td><td>关键词</td></tr>
<tr><td rowspan="3">无属性网络</td><td>电子邮件网络</td><td>Enron Email</td><td>36K</td><td>183K</td><td>无</td></tr>
<tr><td>社交网络</td><td>Flickr</td><td>7575</td><td>239K</td><td>无</td></tr>
<tr><td>社交网络</td><td>BlogCatalog</td><td>5196</td><td>171K</td><td>无</td></tr>
</table>

Youtube： 一个关于视频共享的社交网络。在 Youtube 社交网络中，节点是社交网络中的用户，用户之间进行的各种互动构成了网络中的边，用户可以创建其他用户可以加入的组。将这些用户定义的组视为基准社区。

Facebook： 此数据集由 Facebook 上的“圈子”（或“朋友列表”）组成。Facebook 数据是根据使用此 Facebook 应用的调查参与者收集的。

Twitter： 数据集由 Twitter 上的“圈”（或“列表”）组成。Twitter 数据是从公共来源抓取的。

Orkut： 一个免费的在线社交网络，用户可以在这里建立友谊关系。Orkut 还允许用户组成一个组，允许其他成员加入，将这些由用户定义的组视为基准社区。

Amazon： 该网络是基于顾客在亚马逊上的产品购买情况构建的。如果一个产品 A 经常与产品 B 一起购买，那么网络包含一个从 A 到 B 的无向边。Amazon 根据产品类别为每个类别产品定义了该产品的基准社区。

DBLP： 由计算机科学研究领域相关论文构建的一个作者合著关系网络，如果两个作者共同发表过至少一篇论文，那么他们之间存在一条边。某领域期刊或会议发表文章的作者组成了一个社区。

ArXiv： 一个关于天体物理学研究领域部分科学论文作者的合著关系网络。两个作者之间的边表示至少合著过一个出版物。

Cora： 由机器学习领域相关论文组成，是近年来深度学习研究常用数据集之一。该数据集中，所有论文分为以下七类，即基于案例、遗传算法、神经网络、概率方法、强化学习、规则学习和理论。

Citeseer： 一个引文网络，顾名思义就是由论文间的引用关系构成的网络，具有天然的图结构，其中节点是论文，边表示论文间的引用关系，属性是每篇论文的特征即关键词。

Pubmed： 一个关于生物医学方面论文的引用数据集。类似于其他引文网络数据集，节点是数据集的论文，属性是每篇论文的特征即关键词。

Citation： 一个由 ACM 发表的论文组成的属性引文网络，节点属性是论文摘要中的词，引用链接构成网络中的边。

Enron Email： 该数据最初是由美国联邦能源管理委员会在调查安然公司期间公布并发布到网上的。网络的节点是电子邮件地址，如果用户由地址 A 向地址 B 发送了至少一封电子邮件，则图包含从 A 到 B 的无向边。

Flickr： 一个基准属性社交网络数据集。每个节点都是 Flickr 用户，属性是由用户共享照片相关的标记所识别。该网络中的无向边表示用户之间的关系，用户加入的九个组被视为基准社区。

BlogCatalog： 一个博客社交网络的数据集，用户可以将自己的博客注册到六个不同的预定义类中，并将这些类设置为标签。

3. 网络分析常用数据集

(1) Pajek（可视化工具）数据集：http://vladowiki.fmf.uni-lj.si/doku.php?id=pajek:data:index；

(2) Newman（复杂网络科学领域知名研究人员）个人数据集：http://www-personal.umich.edu/~mejn/netdata/；

(3) 斯坦福大学大规模网络数据集：http://snap.stanford.edu/data/；

(4) KONECT 数据集整理：http://konect.cc/networks/。

2.2.2 评价指标

1. 聚类评价指标

社区分析任务本质就是将网络中相似节点聚集到同一社区中，因此社区发现与搜索本质上是聚类问题。聚类算法要求簇内 (intra-cluster) 相似性高且簇间 (inter-cluster) 相似性低。对于聚类算法性能的度量标准大致可分为两类：内部评价指标直接考察聚类结果而不利用任何参考模型来对聚类结果进行评价；外部评价指标是通过将聚类结果与真实基准 (ground truth) 进行对比来对聚类结果进行评价。在现实生活中，可以通过人工评价，或者通过一些指标在特定的应用场景中进行聚类评价。

1）内部评价指标

当一个聚类结果是基于数据聚类自身进行评价的，称为内部评价方法。如果某个聚类算法聚类的结果是类间相似性低，类内相似性高，那么内部评价方法会给予较高的分数评价。

内部评价方法可以基于特定场景判定一个算法是否优于另一个，不过这并不表示前一个算法得到的结果比后一个结果更有意义。这里的意义是假设这种结构事实上存在于数据集中的，如果一个数据集包含了完全不同的数据结构，或者采用的评价方法完全和算法不符合，如 k-means 只能用于凸集数据集上，许多评价指标也是预先假设凸集数据集。在一个非凸数据集上不论是使用 k-means，还是使用假设凸集的评价方法，都是徒劳的。

(1) 和方差。

和方差 (sum of squares due to error, SSE) 计算的是拟合数据和原始数据对应点的误差的平方和，计算公式为

$$\mathrm{SSE} = \sum_{i=1}^{N} (x_i - \widehat{x}_i)^2 \tag{2.6}$$

式中，N 为样本总数量；$X = \{x_1, x_2, \cdots, x_i, \cdots, x_N\}$ 为样本集合，$\widehat{x}_i$ 为样本 x_i 的通过参数计算得出的拟合结果。SSE 越接近于 0，说明模型选择和拟合更好，数据预测也越成功。

(2) 轮廓系数。

轮廓系数 (silhouette coefficient) 适用于实际类别信息未知时的情况。对于单个样本，设 a 为它与同类别中其他样本的平均距离，b 为它与距离最近不同类别中样本的平均距离，其轮廓系数 s 为

$$s = \frac{b-a}{\max(a,b)} \tag{2.7}$$

对于一个样本集合，其轮廓系数是所有样本轮廓系数的平均值。轮廓系数的取值范围是 $[-1,1]$，同类别样本距离越相近、不同类别样本距离越远，则轮廓系数越高。

(3) 邓恩指数。

邓恩指数 (Dunn validity index, DVI) 为任意两个簇元素的最短距离（类间）除以任意簇中的最大距离（类内）。DVI 越大，意味着类间距离越大，同时类内距离越小。

$$\mathrm{DVI}=\frac{\min\limits_{1\leqslant i\leqslant j\leqslant n} d(i,j)}{\max\limits_{1\leqslant k\leqslant n} d'(k)} \tag{2.8}$$

式中，$d(i,j)$ 为类别 i、j 之间的距离；$d'(k)$ 为类别 k 内部的类内距离。类间距离 $d(i,j)$ 可以是任意的距离测度，如两个类别的中心点的距离；类内距离 $d'(k)$ 可以以不同的方法去测量，如类别 k 中任意两点之间距离的最大值。

因为内部评价方法是搜寻类内相似性最大，类间相似性最小，所以算法生成的聚类结果的 DVI 越高，该算法就越好。

2）外部评价指标

在外部评价方法中，聚类的好坏是通过没被用来做训练集的数据 (测试集) 进行评价。例如，已知样本点的类别信息和一些外部的基准，这些基准包含了一些预先分类好的数据，如由人工生成一些带标签的数据，因此这些基准可以看成是标准。这些评价方法是为了测量聚类结果与提供的基准数据之间的相似性，然而由于真实数据往往没有基准，实用性较差。

(1) 纯度。

纯度 (purity) 是一种简单而透明的评价手段，为了计算纯度，把每个簇中最多数量样本的数据类别作为这个簇所代表的类别，然后计算全体样本中正确分类数量的均值。纯度的计算公式如下：

$$\mathrm{purity}(\Omega,C)=\frac{1}{N}\sum_k \max_j |\omega_k\cap c_j| \tag{2.9}$$

式中，$\Omega=\{\omega_1,\omega_2,\cdots,\omega_k\}$ 为聚类的集合；ω_k 为第 k 个聚类的集合；$C=\{c_1,c_2,\cdots,c_j\}$ 是真实聚类的集合，c_j 为第 j 个正确聚类的样本集合；N 为样本总数。

当簇的数量很多时，容易达到较高的纯度，特别是如果每个样本都被分到独立的一个簇中，那么计算得到的纯度就是 1。因此，不能简单用纯度来衡量聚类质量与聚类数量之间的关系。另外，纯度无法用于权衡聚类质量与簇个数之间的关系。

(2) 准确率。

准确率 (accuracy) 是将聚类看成是一系列的决策过程，即对样本集上所有 $N(N-1)/2$ 个样本对进行决策，是计算“正确决策”的比率。

混淆矩阵 (confusion matrix) 是一种特定的表格布局，用于可视化算法的性能，矩阵的每一行代表实际的类别，每一列代表预测的类别，如表 2.3 所示。具体地，样本可基于其真实类别与预测类别之间的组合分为真正例，即被模型预测为正的正样本；假正例，即被模型预测为正的负样本；假负例，即被模型预测为负的正样本；真负例，即被模型预测为负的负样本。TP、FP、TN、FN 分别表示上述划分对应的样本数。

$$\text{acc} = \frac{\text{TP} + \text{TN}}{\text{TP} + \text{FP} + \text{TF} + \text{FN}} \tag{2.10}$$

由式 (2.10) 可计算出样本的准确率，其取值范围为 [0, 1]，值越大意味着聚类结果与真实情况越吻合。

表 2.3　混淆矩阵示意表

真实值/预测值	正类	负类
正类	TP	FN
负类	FP	TN

(3) F 值方法。

F 值方法是基于上述准确率方法衍生出的一个方法。通过取 F_β 中的 β 大于 1，相当于赋予精确率更大的权重。

$$\text{pre} = \frac{\text{TP}}{\text{TP} + \text{FP}} \tag{2.11}$$

$$\text{rec} = \frac{\text{TP}}{\text{TP} + \text{FN}} \tag{2.12}$$

$$F_\beta = \frac{(1+\beta^2)\text{pre} \times \text{rec}}{\beta^2 \text{pre} + \text{rec}} \tag{2.13}$$

准确率计算方法的特点就是把精确率 (precision，pre) 和召回率 (recall,rec) 看得同等重要，而真实网络分析中可能更侧重于较高的召回率或者精确率，这时候就适合 F 值方法。

(4) Jaccard 指数。

该指数用于量化两个集合之间的相似性，取值范围为 [0, 1]，其中数值越大，表明两个集合越相似。

$$J(A,B) = \frac{|A \cap B|}{|A \cup B|} = \frac{\text{TP}}{\text{TP} + \text{FP} + \text{FN}} \tag{2.14}$$

2. 社区分析评价指标

1) 归一化互信息

归一化互信息 (normalized mutual information, NMI) 是用来衡量两个数据分布的吻合程度。互信息越大，样本和类别的相关程度也越大。NMI 计算公式如下：

$$\mathrm{NMI}(X,Y)=\frac{2I(X,Y)}{H(X)+H(Y)} \tag{2.15}$$

式中，I 表示互信息 (mutual information, MI)；$H(X)$ 和 $H(Y)$ 分别为 X、Y 的熵；数据集 X、Y 分别为 $X=\{x_1,x_2,\cdots,x_i,\cdots,x_N\}$ 和 $Y=\{y_1,y_2,\cdots,y_j,\cdots,y_M\}$，$H(X)$ 和 $H(Y)$ 计算公式如下：

$$H(X)=-\sum_{i=1}^{N}p(x_i)\log_2 p(x_i) \tag{2.16}$$

$$H(Y)=-\sum_{j=1}^{M}p(y_j)\log_2 p(y_j) \tag{2.17}$$

式中，$p(x_i)$ 和 $p(y_j)$ 可以分别看作样本属于聚类簇 x_i、属于类别 y_j 的概率。

在类簇相对于类别相互独立的情况下，互信息的最小值为 0。如果 X 与 Y 完全一致，此时互信息最大，即 $H(X,Y)=H(X)=H(Y)$。当 $N=M$ 时，即簇的数量和样本个数相等，MI 能达到最大值。因此，MI 也存在和纯度类似的问题，即当簇的数量很多时，容易达到较高的 MI 值。NMI 可以解决上述问题，这是因为熵会随着簇数的增长而增大。当 $N=M$ 时，$H(X)$ 会达到其最大值 $\log_2 N$，此时就能保证 NMI 的值较低。采用 $2I(X,Y)$ 作为式 (2.15) 的分子，可以保证 $\mathrm{NMI}\in[0,1]$。

2) 电导

电导 (conductance, con) 是测定图中一组节点的紧密程度的常见指标。传统的电导度量如式 (2.18) 定义：

$$\mathrm{con}(D)=\frac{|\varphi(D)|}{\min[\mathrm{vol}(D),\mathrm{vol}(V)-\mathrm{vol}(D)]} \tag{2.18}$$

式中，$|\varphi(D)|$ 为社区 D 与外部连接的边数；$\mathrm{vol}(D)$ 为社区 D 中节点的度和值；$\mathrm{vol}(V)-\mathrm{vol}(D)$ 为图中除社区中节点的剩余节点的度和值。

2.3 本章小结

本章主要从社区发现与搜索的概述、网络分析的数据集及算法的评价指标三个方面阐述社区分析的基本知识。在社区发现与搜索的概述中主要介绍社区的定义、社区发现与搜索的分类，然后介绍人工数据集和经典数据集，并根据外部评价指标及内部评价指标总结现有判定社区发现与搜索方法的评价基准。

参 考 文 献

[1] FORTUNATO S. Community detection in graphs[J]. Physics Reports, 2009, 486(3-5): 75-174.

[2] SOZIO M, GIONIS A. The community-search problem and how to plan a successful cocktail party[C]. The 16th ACM SIGKDD International Conference on Knowledge Discovery and Data Mining, Washington D C, USA, 2010: 939-948.

[3] CUI W Y, XIAO Y H, WANG H X, et al. Local search of communities in large graphs[C]. The 2014 ACM SIGMOD International Conference on Management of Data, Snowbird, USA, 2014: 991-1002.

[4] BARBIERI N, BONCHI F, GALIMBERTI E, et al. Efficient and effective community search[J]. Data Mining and Knowledge Discovery, 2015, 29(5): 1406-1433.

[5] LI R H, QIN L, YU J X, et al. Influential community search in large networks[J]. Proceedings of the VLDB Endowment, 2015, 8(5): 509-520.

[6] FANG Y X, CHENG R, LUO S Q, et al. Effective community search for large attributed graphs[J]. Proceedings of the VLDB Endowment, 2016, 9(12): 1233-1244.

[7] DEY R, JELVEH Z, ROSS K. Facebook users have become much more private: A large-scale study[C]. IEEE International Conference on Pervasive Computing and Communications Workshops, Lugano, Switzerland, 2012: 346-352.

[8] HRISTIDIS V, PAPAKONSTANTINOU Y. Discover: Keyword search in relational databases[C]. The 28th International Conference on Very Large Databases, Hong Kong, China, 2002: 670-681.

[9] WU Y B, JIN R M, LI J, et al. Robust local community detection: On free rider effect and its elimination[J]. Proceedings of the VLDB Endowment, 2015, 8(7): 798-809.

[10] NEWMAN M E J. Communities, modules and large-scale structure in networks[J]. Nature Physics, 2012, 8(1): 25-31.

[11] HUANG X, LAKSHMANAN L V S. Attribute-driven community search[J]. Proceeding of the VLDB Endowment, 2017, 10(9): 949-960.

[12] LI Y F, CHEN R, XU J L, et al. Geo-social k-cover group queries for collaborative spatial computing[J]. IEEE Transactions on Knowledge and Data Engineering, 2015, 27(10): 2729-2742.

[13] LI Y F, CHEN R, XU J L, et al. Geo-social k-cover group queries for collaborative spatial computing[C]. The 32nd International Conference on Data Engineering, Helsinki, Finland, 2016: 1510-1511.

[14] ZHU Q J, HU H B, XU C, et al. Geo-social group queries with minimum acquaintance constraints[J]. The VLDB Journal, 2017, 26(5): 709-727.

第 3 章　经典社区发现方法

社区反映了网络中个体行为的局部性特征以及个体与个体间的关联关系。对网络中社区的研究，可以帮助用户理解整个网络的结构和功能，进而分析及预测网络各元素间的交互关系。本章介绍几类经典社区发现方法，即基于模块度优化的社区发现方法、基于聚类的社区发现方法和其他社区发现方法。下面对这几类方法的代表算法进行详细介绍。

3.1　基于模块度优化的社区发现方法

网络中的社区结构可以用模块度的方法来量化，通过寻找具有模块度值较大的划分来发现社区结构。作为经典的衡量网络划分好坏的度量，模块度定义为真实连接与随机连接的偏差，该假设基于随机网络（没有社区结构）。给定一个网络，节点数目保持固定，通过随机改变节点间的连边，得到一个没有社区结构的随机网络。如果原网络中一个子网络内部的边数比其在随机网络中相应部分的期望边数多，则认为该子网络对应原网络中的一个社区。这里所说的“期望”是指在原网络的所有可能随机网络上进行平均。事实上，生成原网络的所有随机网络是不可能的，通常使用一种被称为空模型的参照网络作为所有随机网络的期望。

给定一个有 n 个节点和 m 条边的网络，假定将该网络划分成 C 个社区，每个社区中有 N_c 个节点和 L_c 条边，其中 $c = 1, 2, \cdots, C$。如果 L_c 大于 N_c 个节点之间连边的期望数，根据模块度的直觉，子图 G_c 可能是一个真实社区。因此，模块度 Q 可以度量网络的真实连边和随机连接时节点 i 和节点 j 的期望连边 (p_{ij}) 之间的差异：

$$Q = \frac{1}{2m} \sum_{ij} (A_{ij} - p_{ij}) \delta_{s_i, s_j} \tag{3.1}$$

式中，A_{ij} 为邻接矩阵中的元素；p_{ij} 通过随机化原网络得到；s_i 为节点 i 所属的社区；δ_{s_i, s_j} 在节点 i 和节点 j 同属一个社区时取值为 1，否则为 0。根据保度零模型 (degree preserve null model)，有

$$p_{ij} = \frac{k_i k_j}{2m} \tag{3.2}$$

综合式 (3.1) 和式 (3.2)，给定一个图及其划分，在该划分下整个网络模块度为

$$Q = \frac{1}{2m}\sum_{ij}\left(A_{ij} - \frac{k_i k_j}{2m}\right)\delta_{s_i,s_j} \tag{3.3}$$

式中，k_i 为节点 i 的度。

为了直观地描述模块度的意义，图 3.1 给出了同一网络的不同社区划分，并根据式 (3.3) 的定义给出了不同划分下的模块度示例。

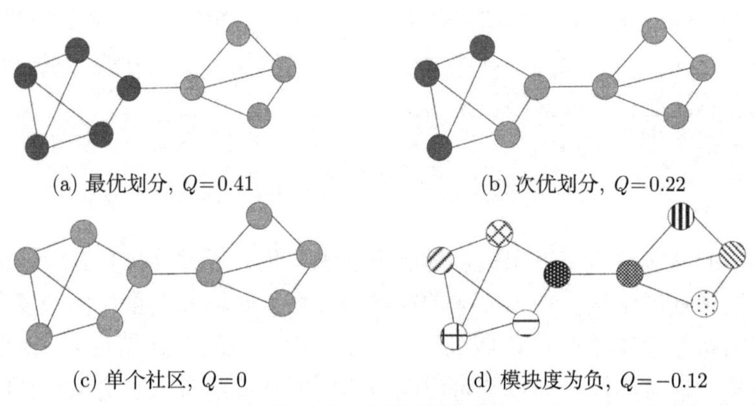

(a) 最优划分, $Q=0.41$　(b) 次优划分, $Q=0.22$

(c) 单个社区, $Q=0$　(d) 模块度为负, $Q=-0.12$

图 3.1　模块度示例

图 3.1(a) 为最优划分，Q=0.41，与真实社区划分吻合；图 3.1(b) 为次优划分，模块度不是最大的，但为正的划分，Q=0.22，未能正确识别社区；图 3.1(c) 为单个社区，所有节点属于同一个社区，Q=0；图 3.1(d) 中模块度为负，$Q=-0.12$，每个节点隶属不同的社区。因此，可以利用模块度判断一种社区划分是否优于另一种，也可以将模块度作为目标函数，通过极大化目标函数得到最优划分。

模块度的提出极大地推动了社区发现的研究，为网络划分提供了一个目标评价函数。Newman[1]指出，网络的所有划分个数是第 2 类 Stirling 数，即假设有 n 个节点，g 个簇，能划分出不同的社区的数量为 $\sum_{g=1}^{n} S_n^{(g)}$。因此，在所有网络划分构成的空间中枚举模块度，进而获得最优划分是困难的。此外，已经证明模块度优化是一个 NP 完全问题[2]，因此无法在一个随着图的大小多项式增长的时间内找到解。一些优化策略被提出，通过应用于模块度的优化来发现社区结构，如贪心算法、模拟退火算法、极值优化算法和谱优化算法等[3]。

Newman[4] 提出模块度矩阵，其元素定义为

$$B_{ij} = A_{ij} - \frac{k_i k_j}{2m} \tag{3.4}$$

以模块度矩阵为基础，Newman[5] 提出模块度的优化可以通过研究模块度矩阵的谱来完成。这一发现不仅揭示了模块度和谱方法的关系，而且进一步指出了模块度的性质可以通过分析模块度矩阵来获得。

3.1.1 贪心算法

第一个实现模块度最大化的算法是 Newman[1] 的贪心算法。该算法初始将每个节点看作一个社区，然后重复成对地将这些社区连接在一起，每一步都选择使模块度 Q 有最大增加 (或最小减少) 的连接。贪心算法的流程可以由“树形图”示意，即显示连接顺序的树，如图 3.2 所示。在不同层次上通过该树形图的切割将网络划分成更多或更少数量的社区，通过寻找 Q 的最大值来选择最佳切割。

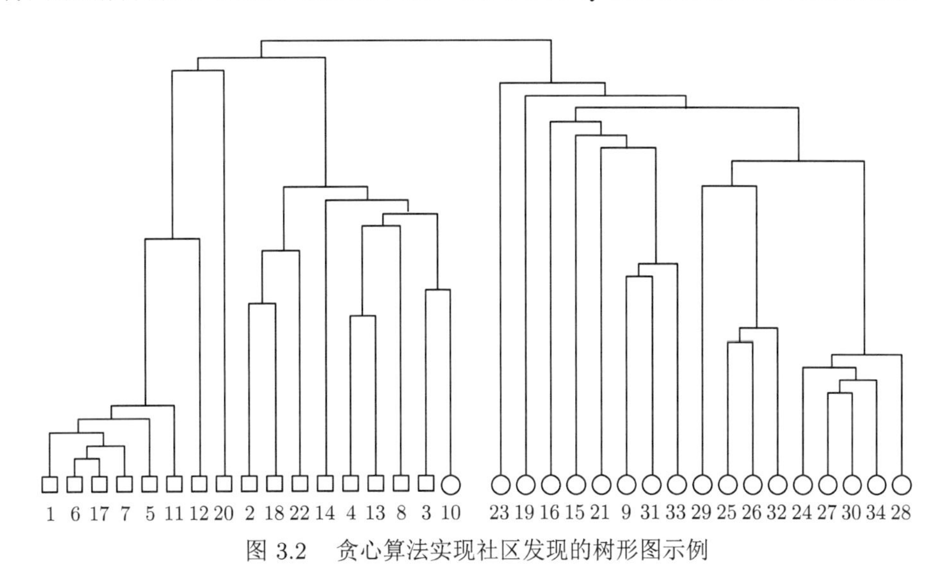

图 3.2 贪心算法实现社区发现的树形图示例

因为一对完全没有边的社区的连接不会导致 Q 增加，所以只需要考虑那些有边的社区对，无论何时最多存在 m 条边，其中 m 是图中边数，Q 的变化由 ΔQ 表示。在连接之后，一些矩阵元素必须通过将与连接的社区相对应的行和列相加来更新，至少需要时间 $O(n)$。因此，算法的每一步在最差情况下的时间为 $O(m+n)$。构建完整的树形图最多需要 $(n-1)$ 个连接操作，因此整个算法在稀疏图上以时间 $O((m+n)n)$ 或 $O(n^2)$ 运行。该算法还有一个额外优点，即可以在执行过程中计算 Q，这使得找到最佳社区结构变得特别简单。本节介绍的网络都是未加权的，但本节算法可以简单地推广到加权网络。

本小节算法工作的第一个例子是使用计算机生成的大量具有已知社区结构的随机图，然后运行算法来量化其性能。每个图由 $n=128$ 个节点组成，分为 4 组，每组 32 个节点。每个节点平均有 z_{in} 条边连接同一组的节点，z_{out} 条边连接到其他组的节点，此时设 $z_{\mathrm{in}} + z_{\mathrm{out}} = 16$。随着 z_{out} 从较小的值开始增加，结果图对社区发现算法提出了越来越大的挑战。图 3.3 中，将算法正确分配给四个社区的节点的分数显示为 z_{out} 的函数。如图 3.3 所示，该算法性能良好，可以正确识别 90%以上的节点。只有当 z_{out} 接近 8 时，每个节点的社区内和社区间边数相同，算法的性能才开始下降。在同一图上，还展示了 GN 算法的性能，对于较小值的 z_{out}，该算法的性能稍好。例如，对于 $z_{\mathrm{out}} = 5$，本小节算法可以正确识别平均 97.4%的节点，而 GN 算法则可以正确识别 98.9%。但是，两者显然都表现良好。

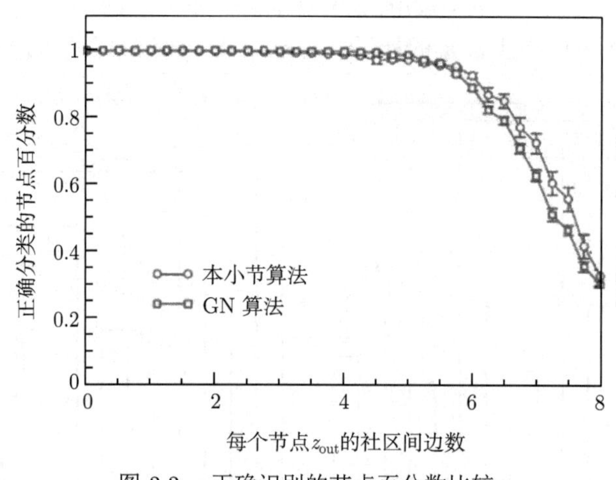

图 3.3 正确识别的节点百分数比较

对于较高值的 z_{out}，本小节算法比 GN 算法性能更好，在真实网络中情况也是如此。然而，通常情况下，GN 算法有优势并不奇怪，这是因为本小节算法是基于单个社区的纯局部信息做出决策，而 GN 算法是使用关于整个网络的非局部信息——从中间分数中获得的信息。由于社区结构本身是一个非局部的，如果有非局部的信息可以利用，就可以更好地找到这个结构。

因此，对于网络规模足够小使得 GN 算法在计算上易于处理的系统，没有理由不继续使用该算法，这是因为该算法此时可以提供最佳结果。但是，对于网络规模太大而无法使用 GN 算法的系统，本小节介绍的新算法只需花费很少的时间即可得到社区结构信息。

3.1.2 传统谱方法

模块度矩阵的谱可以用于分析网络的社区结构，本小节将介绍利用模块度矩阵进行社区发现的传统谱方法，该算法运行时间更短。

1. 最佳模块度方法

给定了某个网络结构,想确定其节点是否存在自然划分成不重叠社区情况,这些社区的规模不限,可以分阶段解决这个问题。首先关注网络是否存在两个良好划分的问题,此问题最明显的解决方法是将节点分为两组,减少各组之间连接的边数,这种“最小割”方法是图划分问题中最常采用的方法。如果社区规模不受限制,则可以自由选择网络的划分,每个节点只属于两个组中的一个,这保证了不存在组与组之间的边。从某种意义上说,这种划分是最佳的,但是显然是没有价值的。

然而,简单统计边数并不是直观量化社区结构的有效方法。将网络很好地划分为社区,不仅是在社区之间几乎不存在边,而且是社区之间的边比期望存在的边少。一方面,如果两组之间的边数仅是基于随机放置所期望的边数,那么难以认为这是构成了有意义的社区结构的证据;另一方面,如果组间的边数显著少于随机放置所期望的边数,或者组内的边数明显多于所期望的边数,则可以说明发现社区结构是合理的。

假设网络包含 n 个节点,将该网络分成两组。模块度可表示为

$$Q=\frac{1}{4m}\sum_{ij}\left(A_{ij}-\frac{k_ik_j}{2m}\right)(s_is_j+1)=\frac{1}{4m}\sum_{ij}\left(A_{ij}-\frac{k_ik_j}{2m}\right)s_is_j \tag{3.5}$$

式中,$\boldsymbol{s}$ 为一个列向量,若节点 i 属于第一个组,则 $s_i=1$,若节点 i 属于第二个组则 $s_i=-1$;A_{ij} 表示节点 i 和 j 之间是否连边,通常为 0 或 1,边随机放置情形下节点 i 和 j 之间的期望边数是 $k_ik_j/(2m)$;k_i 和 k_j 分别为节点 i 和 j 的度;$m=\sum_i k_i/2$ 为网络中所有边数。可以看出,如果节点 i 和 j 在同一组中,$(s_is_j+1)/2=1$,反之为 0。式 (3.5) 的第二个等式来自于观察 $2m=\sum_i k_i=\sum_{ij}A_{ij}$。

式 (3.5) 可以写成矩阵形式:

$$Q=\frac{1}{4m}\boldsymbol{s}^{\mathrm{T}}\boldsymbol{B}\boldsymbol{s} \tag{3.6}$$

$$B_{ij}=A_{ij}-\frac{k_ik_j}{2m} \tag{3.7}$$

本小节聚焦于式 (3.6) 中实对称模块度矩阵 $\boldsymbol{B}$ 的性质。值得注意的是,其每一行及每一列的元素总和为零,因此该矩阵始终具有特征值为零的均匀特征向量。这种观察使人联想到图拉普拉斯矩阵[6],该矩阵是谱划分方法的基础。事实上,本小节介绍的方法与谱划分有很多相似之处[7]。

给定式 (3.6)，将 $\boldsymbol{s}$ 写成 $\boldsymbol{B}$ 的归一化特征向量 $\boldsymbol{u}_i$ 的线性组合，使得 $\boldsymbol{s}=\sum\limits_{i=1}^{n}a_i\boldsymbol{u}_i$ 且 $a_i=\boldsymbol{u}_i^{\mathrm{T}}\cdot\boldsymbol{s}$，则

$$Q=\frac{1}{4m}\sum_i a_i\boldsymbol{u}_i^{\mathrm{T}}\boldsymbol{B}\sum_j a_j\boldsymbol{u}_j=\frac{1}{4m}\sum_{i=1}^{n}\left(\boldsymbol{u}_i^{\mathrm{T}}\cdot\boldsymbol{s}\right)^2\beta_i \tag{3.8}$$

式中，β_i 为 $\boldsymbol{B}$ 对应于特征向量 $\boldsymbol{u}_i$ 的特征值。

将特征值按降序标记，即 $\beta_1\geqslant\beta_2\geqslant\cdots\geqslant\beta_n$。此时希望通过选择最佳的网络划分，或者选择索引向量 $\boldsymbol{s}$ 来最大化网络的模块度。式 (3.8) 涉及最大 (正) 的特征值，如果对 $\boldsymbol{s}$ 的选择没有其他约束 (除了归一化)，这将是一个简单的任务，此时只需选择与特征向量 $\boldsymbol{u}_1$ 成比例的 $\boldsymbol{s}$ 即可。由于特征向量是正交的，因此所有的权值都放在包含最大特征值 β_1 的项中，其他项自动归零。

然而，对 $\boldsymbol{s}$ 的元素限制为 ±1 时对问题施加了另一个约束，这意味着 $\boldsymbol{s}$ 通常不能选择与 $\boldsymbol{u}_1$ 平行，此时尽可能使其接近平行，等效于最大化点积 $\boldsymbol{u}_1^{\mathrm{T}}\cdot\boldsymbol{s}$。很明显，如果设 $s_i=s_i+1$，则可以达到最大值，$\boldsymbol{u}_1$ 的对应元素为正，否则 $s_i=-1$。换句话说，所有对应元素为正的节点都归入一组，其余的归入另一组。这提供了一个划分网络的算法，即计算模块度矩阵的主特征向量，并根据该向量中元素的符号将节点分成两组。如果模块矩阵没有正特征值，网络是不可分的。将网络最优地分成两组，并将一个节点从一组移动到另一组，则该节点的向量元素会给出模块度程度降低多少的结果。

根据模块度矩阵主导特征向量中元素的值对图 3.4 中的节点进行阴影处理，并且这些值与空手道俱乐部成员内已知的社会结构一致。特别地，权重最大的三个节点 (正或负)(图 3.4 中的黑色和白色节点) 对应于两个节点。节点的形状表示网络的两个已知类中相应个体成员隶属，虚线表示本小节算法找到的划分，它与基准完全匹配。节点的阴影表示其隶属关系，由特征向量相应元素的值来度量。

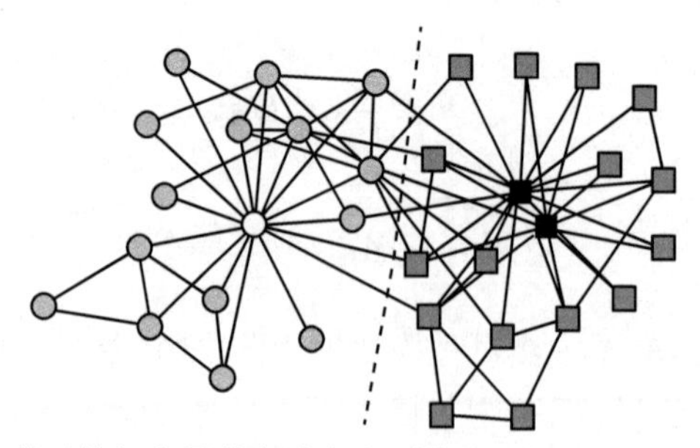

图 3.4　基于特征向量的方法在空手道俱乐部成员网络中的应用

2. 将网络分成两个以上的社区

前述介绍了一种简单的基于矩阵的方法，用于将网络很好地划分为两部分。但是，许多网络包含两个以上社区，因此希望将网络划分为更多部分。解决此问题的标准方法是将网络重复分为两部分：首先使用前述算法将网络分为两部分，然后将这两部分再分成四部分，以此类推。在将网络分成两部分后，简单地删除两部分之间的边，然后将该算法再次应用于每个子图是不正确的。这是因为如果删除边，则在式 (3.5) 中用到的度数将发生变化，因此随后的模块度最大化也会出错。相反，正确的方法是将大小为 n_g 的簇 g 进一步分成两部分后，对模块度的额外贡献 ΔQ 写为

$$\begin{aligned}\Delta Q &= \frac{1}{2m}\left[\frac{1}{2}\sum_{i,j\in g}B_{ij}(s_is_j+1)-\sum_{i,j\in g}B_{ij}\right]\\&=\frac{1}{4m}\left[\sum_{i,j\in g}B_{ij}s_is_j-\sum_{i,j\in g}B_{ij}\right]\\&=\frac{1}{4m}\sum_{i,j\in g}\left[B_{ij}-\delta_{ij}\sum_{k\in g}B_{ik}\right]s_is_j\\&=\frac{1}{4m}\boldsymbol{s}^{\mathrm{T}}\boldsymbol{B}^{(g)}\boldsymbol{s}\end{aligned}\tag{3.9}$$

式中，δ_{ij} 是 Kronecker δ-符号，使得 $s_i^2=1$，$\boldsymbol{B}^{(g)}$ 是 $n_g\times n_g$ 矩阵。

$$B_{ij}^{(g)}=B_{ij}-\delta_{ij}\sum_{k\in g}B_{ik}\tag{3.10}$$

因为式 (3.9) 具有与式 (3.6) 相同的形式，此时可以将谱方法应用于广义模块度矩阵来最大化 ΔQ。可以观察到 $\boldsymbol{B}^{(g)}$ 矩阵的行和列项和均为 0，如果簇 g 没有被划分，则 $\Delta Q=0$。此外，对于完整的网络，式 (3.10) 可以简化为矩阵形式的式 (3.7)，这是因为在这种情况下 $\sum_k B_{ik}=0$。

在重复细分网络时，需要解决的一个重要问题是在什么时候停止细分过程。这种方法的优点是它为以下问题提供了明确的答案：如果不存在会增加网络模块度的子图划分，则没有任何必要再细分。然而，尽管缺少正特征值是不可分割的充分条件，但不是必要条件。特别是，如果仅存在小的正特征值和大的负特征值，则式 (3.8) 中的 Q 值可能大于正数。但是，要避免这种可能性是很直接的，因此只需直接为每个划分计算模块化贡献 ΔQ 并确认它大于零。

3. 模块度最大化的其他谱方法

传统谱方法主要针对结构图聚类，且节点隶属于多个社区的信息被忽略，从而影响社区检测的结果。近年来的谱方法对传统方法进行了改进，可以归纳为典型的工作聚焦在属性网络，如面向属性网络的不可重叠谱社区检测方法，主要思想是综合考虑网络拓扑结构和节点附着的属性信息，使用归一化拉普拉斯矩阵特征向量的谱算法。其中，具有代表性的不可重叠社区检测方法有 Jia 等[8]将属性的重要性与信息熵相结合来选择合适的属性，并引入属性约简方法改进谱聚类。本小节介绍李青青等[9]提出的面向属性网络的可重叠多向谱社区检测 (overlapping multiway spectral community detection, OMSCD) 方法。该方法可将网络划分成任意数量的社区并有效发现离群点。

给定属性图 $G=(V,E,F)$，其中 $V=\{v_i\}_{i=1,2,\cdots,n}$ 表示图中节点集合；$E=\{(v_i,v_j)\,|v_i,v_j\in V\}$ 表示边集，且 $|E|=m$。G 的拓扑结构记作邻接矩阵 $\boldsymbol{A}$，若 $(v_i,v_j)\in E$，则 $A_{ij}=1$；否则 $A_{ij}=0$。$F=\{f_1,f_2,\cdots,f_d\}$ 是图中属性的集合。$\boldsymbol{f}_i=[f_{i1},f_{i2},\cdots,f_{id}]^{\mathrm{T}}$ 是节点 $v_i\in V$ 的属性向量。构建加权邻接矩阵 $\boldsymbol{A}^w$，其元素定义如下：

$$A_{ij}^w=\begin{cases}\dfrac{\boldsymbol{f}_i\cdot\boldsymbol{f}_j}{\|\boldsymbol{f}_i\|\times\|\boldsymbol{f}_j\|}, & A_{ij}=1\\ 0, & A_{ij}=0\end{cases} \tag{3.11}$$

式中，A_{ij}^w 为 (v_i,v_j) 边上的权重值。

定义 3.1 (加权模块度) 给定 $\boldsymbol{A}^w$，加权模块度计算如下：

$$Q^w=\frac{1}{2m^w}\sum_{ij}\left(A_{ij}^w-\frac{d_i^w d_j^w}{2m^w}\right)c_{ij} \tag{3.12}$$

式中，m^w 为 $\boldsymbol{A}^w$ 中边的权重和值；c_{ij} 为指示函数，如果节点 v_i 和节点 v_j 在同一个社区，则 $c_{ij}=1$，否则 $c_{ij}=0$。容易看出，加权模块度中考虑了属性权重信息，其取值越接近于 1，社区结构越明显，质量越好。

将节点属性间的相关性转化为节点间的边权重信息，再将加权模块度矩阵分解成特征值与特征向量的形式，得到节点的向量化表示。根据定义 3.1，可分解加权模块度矩阵[10,11]。

加权模块度矩阵为 $n\times n$ 的对称矩阵 $\boldsymbol{B}$，其中矩阵元素定义如下：

$$B_{ij}=A_{ij}^w-\frac{d_i^w d_j^w}{2m^w} \tag{3.13}$$

式 (3.12) 中的 Q^w 可改写为

$$Q^w = \frac{1}{2m^w}\sum_{ij} B_{ij}c_{ij} \tag{3.14}$$

鉴于 $\sum\limits_{i=1}^{n} A_{ij}^w = d_j^w$ 和 $\sum\limits_{i=1}^{n} d_i^w = 2m^w$，则有

$$\sum_{i=1}^{n} B_{ij} = \sum_{i=1}^{n} A_{ij}^w - \sum_{i=1}^{n} \frac{d_i^w d_j^w}{2m^w} = 0 \tag{3.15}$$

由于 $\boldsymbol{B}$ 的对称性，可将其改写成特征值与特征向量的分解形式：

$$B_{ij} = \sum_{l=1}^{n} \lambda_l U_{il} U_{jl} \tag{3.16}$$

式中，λ_l 为 $\boldsymbol{B}$ 的特征值；U_{il} 为正交矩阵 $\boldsymbol{U}$ 的元素，正交矩阵 $\boldsymbol{U}$ 的列是特征值所对应的特征向量。不失一般性地，将特征值递减排序：$\lambda_1 \geqslant \lambda_2 \geqslant \cdots \geqslant \lambda_n$。

结合式 (3.12) 和式 (3.16)，重写 Q^w 为

$$Q^w - \frac{1}{2m^w}\sum_{ij}\sum_{l=1}^{n} \lambda_l U_{il} U_{jl} c_{ij} = \frac{1}{2m^w}\sum_{l=1}^{n} \lambda_l \sum_{s} \left(\sum_{i} U_{il} c_{s,i}\right)^2 \tag{3.17}$$

式中，s 为节点所在的簇。式 (3.17) 是特征值 λ_l 乘以非负特征向量 $\sum\limits_{s}\left(\sum\limits_{i} U_{il} c_{s,i}\right)^2$ 的总和，通常特征值为正的项对加权模块度有着最大 (最积极的) 贡献。因此，在谱算法中使用标准近似，最大化这些正特征值项，而不是最大化所有特征值的项。也就是说，加权模块度可被近似表示为

$$Q^w = \frac{1}{2m^w}\sum_{l=1}^{p} \lambda_l \sum_{s} \left(\sum_{i} U_{il} c_{s,i}\right)^2 \tag{3.18}$$

改写式 (3.18) 得

$$Q^w = \frac{1}{2m^w}\sum_{s=1}^{k}\sum_{l=1}^{p} \left(\sum_{i} \sqrt{\lambda_l} U_{il} c_{s,i}\right)^2 \tag{3.19}$$

根据加权模块度的特征值与特征向量的近似，即将节点向量化表示。定义一组 n 个 p 维节点向量 $\boldsymbol{r}_i$[12]：

$$\boldsymbol{r}_i = \sqrt{\lambda_l} U_{il} \tag{3.20}$$

改写式 (3.19) 得

$$Q^w = \frac{1}{2m^w}\sum_{s=1}^{k}\sum_{l=1}^{p}\left(\sum_{i}\boldsymbol{r}_i(l)\right)^2 = \frac{1}{2m^w}\sum_{s=1}^{k}\left|\sum_{i\in s}\boldsymbol{r}_i\right|^2 \tag{3.21}$$

式中，$i \in s$ 表示节点 v_i 属于簇 s。

更具体地，n 个 p 维节点向量 $\boldsymbol{r}_i$ 在整个优化过程中是常数 (因为 $\boldsymbol{r}_i$ 是用加权模块度矩阵的特征值与特征向量表示的)。然后，将网络划分成簇的加权模块度 [除了常数 $1/(2m^w)$] 的贡献和，其中一个簇的贡献等于该簇中节点向量和的平方。社区发现的目标是最大化加权模块度的划分，该问题称为最大和向量分割问题，简称向量分割问题。

在面向属性的可重叠的多向谱社区检测方法中，将属性数据作为网络的辅助信息以增强网络拓扑结构间的强度，从节点向量中随机选择簇中心向量而不是选择随机方向的簇中心向量。这就保证了如果大多数节点向量指向几个方向，那么选择也指向这些方向的初始簇中心向量。事实上，只需要以这种方式选择 k 个簇中心向量中的 $(k-1)$ 个，最终向量将由簇中心向量总和为零来决定。

均匀向量 $\boldsymbol{l} = (1, 1, 1, \cdots)$ 始终是加权模块度矩阵的特征向量，这意味着所有其他特征向量的元素——即正交矩阵 $\boldsymbol{U}$ 的列必须总和为零（因为其必须正交于均匀向量）。根据式 (3.20) 有

$$\sum_{i=1}^{n}\boldsymbol{r}_i(l) = \sqrt{\lambda_l}\sum_{i=1}^{n}U_{il} = 0 \tag{3.22}$$

从而得到

$$\sum_{i=1}^{n}\boldsymbol{r}_i = 0 \tag{3.23}$$

和

$$\sum_{s}\boldsymbol{o}_s = \sum_{s}\sum_{i\in s}\boldsymbol{r}_i = \sum_{i=1}^{n}\boldsymbol{r}_i = 0 \tag{3.24}$$

因此，一旦随机选择了 $(k-1)$ 个簇中心向量，第 k 个簇中心向量就可以利用式 (3.24) 计算。因为在初始化过程中存在一个随机元素，所以在参数取值相同的相同网络中，结果也不一定相同。因此，需在不同的初始条件下多次运行算法，选择最高加权模块度的社区划分。

类似于 k-means 算法，OMSCD 方法用向量代替点，向量内积代替距离。首先，选择 k 组簇中心向量的初始集合 $\boldsymbol{O}$ 中的一个簇 s，将节点向量 $\boldsymbol{r}_i$ 分配给与

其距离最近的簇中心向量所在的簇，然后根据这些分配为每个簇计算新的簇中心向量并重复，新的簇中心向量为每个簇中节点向量的和，即

$$\boldsymbol{o}_s = \sum_{i \in s} \boldsymbol{r}_i \tag{3.25}$$

可将式 (3.21) 改写以最大化下列目标函数：

$$Q^w = \frac{1}{2m^w} \sum_s |\boldsymbol{o}_s|^2 \tag{3.26}$$

当 Q^w 与在上一轮计算的 Q^w 相比其值有所下降时，则认为上一轮使得 Q^w 极大的值为最好的划分结果，即 Q^w 达到收敛。社区检测结果观察加权模块度的特性。假设将节点 v_i 从一个社区 s 移动到另一个社区 t，设 $\boldsymbol{o}_s$ 和 $\boldsymbol{o}_t$ 表示不包括节点 v_i 贡献的两个社区的簇中心向量。然后，在移动之前，社区的簇中心向量是 $\boldsymbol{o}_s + \boldsymbol{r}_i$ 和 $\boldsymbol{o}_t$，移动后是 $\boldsymbol{o}_s$ 和 $\boldsymbol{o}_t + \boldsymbol{r}_i$，所有其他社区在此期间保持不变。因此，在移动节点 v_i 时加权模块性的变化 ΔQ^w 为

$$\Delta Q^w = \frac{1}{2m^w}\left[|\boldsymbol{o}_s|^2 + |\boldsymbol{o}_t + \boldsymbol{r}_i|^2 - |\boldsymbol{o}_s + \boldsymbol{r}_i|^2 - |\boldsymbol{o}_t|^2\right] = \frac{1}{2m^w}[\boldsymbol{o}_t^{\mathrm{T}}\boldsymbol{r}_i - \boldsymbol{o}_s^{\mathrm{T}}\boldsymbol{r}_i] \tag{3.27}$$

因此，加权模块度增加或者减少取决于两个内积 $\boldsymbol{o}_t^{\mathrm{T}}\boldsymbol{r}_i$ 和 $\boldsymbol{o}_s^{\mathrm{T}}\boldsymbol{r}_i$ 之间较大的一个。换言之，为了最大化加权模块度，分配节点 v_i 到与 $\boldsymbol{r}_i$ 较大内积的簇中心向量所在的社区。

给定一组簇中心向量 $\boldsymbol{o}_s$，计算 $\boldsymbol{r}_i$ 与每个簇中心向量之间的内积 $\boldsymbol{o}_t^{\mathrm{T}}\boldsymbol{r}_i$，随后将节点 v_i 分配到有最高内积的社区。但是注意到，式 (3.27) 中的簇中心向量 $\boldsymbol{o}_s$ 和 $\boldsymbol{o}_t$ 是在除了节点向量 $\boldsymbol{r}_i$ 之外所定义的。因此，在可重叠的多向谱算法中每个节点向量 $\boldsymbol{r}_i$ 都有一个不包含 $\boldsymbol{r}_i$ 的簇中心向量 $\boldsymbol{o}_s$[在式 (3.26) 的意义上]，并在计算内积之前，在簇中心向量中去除了 $\boldsymbol{r}_i$。在实践中，当网络规模较大时，从一个簇中心向量中删除或不删除单个节点不会对结果产生太大影响。因此，在许多情况下，可以省略删除节点步骤。

本节针对现有谱方法受限于划分数量且难以控制重叠程度的局限性，介绍了面向属性网络的具有离群点的可重叠多向谱方法。从结构和属性两方面综合考虑，该方法克服了以往谱方法仅仅基于网络的拓扑结构进行不可重叠社区检测的局限。同时，通过考虑属性信息的加权模块度将节点映射到向量空间，设置重叠度和离群度，实现可重叠的多向谱社区检测方法。

3.2 基于聚类的社区发现方法

3.2.1 层次聚类

层次聚类是早期被广泛使用在网络中检测社区的方法。层次聚类的一般步骤：① 计算样本间的距离，将距离最近的节点合并到同一个类中；② 计算类与类间的距离，将距离最近的类合并为一个大类。此过程重复进行，直到合成一个类。其中，类与类之间距离的计算方法有最短距离法、最长距离法、中间距离法和类平均法等。其中，最短距离法将类与类的距离定义为类与类之间样本的最短距离。

层次聚类算法根据层次分解的顺序分为自底向上和自顶向下，即凝聚的层次聚类算法和分裂的层次聚类算法。自底向上就是一开始每个个体是一个类，然后根据链接寻找同类，最后形成一个“类”。自顶向下与其相反，一开始所有个体都属于一个“类”，然后根据链接排除异己，最后每个个体成为一个“类”。

层次聚类算法一直被研究人员广泛关注，本小节以 Blondel 等[13]提出的基于模块度优化的启发式方法为例，具体介绍经典的层次聚类方法。该方法可在短时间内找到大型网络中具有高模块度值的划分，并为网络生成一个完整的层次社区结构。与其他社区发现算法不同，该算法面临的网络规模是有限的存储容量，而不是有限的计算时间。

具体地，设网络中节点个数为 N，该算法首先将网络的每个节点视为一个社区。其次，依次考虑每个节点 i 的邻居 j，将节点 i 从社区中移除并置于节点 j 所在的社区来评估模块度的增益。再次，将节点 i 分配到具有最大模块度增益的社区中。注意，此时要求模块度增益为正，如没有正增益，则将该节点保留在它原来的社区。反复执行上述步骤，最后直至没有模块度增益，此时该方法的第一阶段执行完毕。

将节点 i 移动到社区 C 中获得的模块度增益 ΔQ 为

$$\Delta Q = \left[\frac{\sum_{\text{in}} + k_{i,\text{in}}}{2m} - \left(\frac{\sum_{\text{tot}} + k_i}{2m}\right)^2\right] - \left[\frac{\sum_{\text{in}}}{2m} - \left(\frac{\sum_{\text{tot}}}{2m}\right)^2 - \left(\frac{k_i}{2m}\right)^2\right] \tag{3.28}$$

式中，$\sum_{\text{in}}$ 为 C 中所有链接权重之和；$\sum_{\text{tot}}$ 为所有与 C 内节点有连接的链接权重之和；$k_{i,\text{in}}$ 为节点 i 到 C 中内部节点链接权重之和；m 为整个网络中链接权重之和。当节点 i 从其社区中移除时，可用式 (3.28) 评估模块度的变化。

算法的第二阶段旨在建立一个新网络。网络中的节点是在算法第一阶段找到的社区中的节点，新节点间的链接权重为相应两个社区中节点间的链接权重之和。

在被定义的新网络中，同一社区节点间的链接会产生该社区的自循环。一旦第二阶段完成，就可以将算法的第一阶段重新应用到所得到的加权网络中，并进行迭代。初始社区的数量在每一个过程中都会减少，大部分计算时间都用在第一次的两阶段运行中，重复执行两阶段步骤，最终会得到聚类结果。如图 3.5 所示[14]，每个过程分为两个阶段：第一个阶段只允许社区的局部改变来优化模块度；第二个阶段是整合发现的社区以构建新的社区网络。迭代重复这些过程，直到模块度最大化。

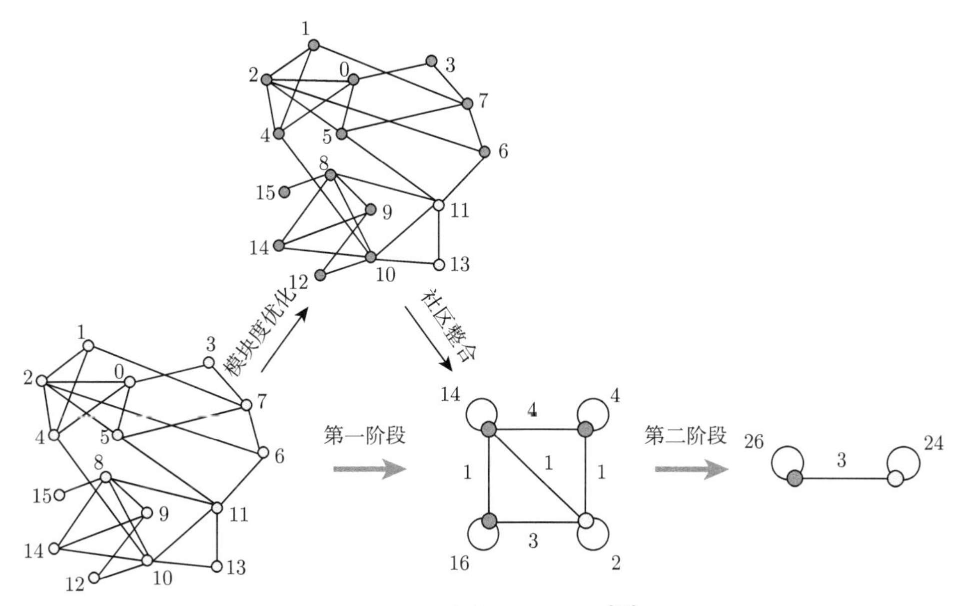

图 3.5　算法步骤的可视化[14]

该层次聚类方法具有以下三个优点：① 步骤直观，易于实施，且结果是无监督的。② 速度极快。通过大型网络上的计算机仿真实验可知，该算法在典型稀疏数据下的复杂度是线性的，原因在于模块度增益可用式 (3.28) 快速计算。社区的数量在经过几次迭代后急剧减少，因此算法大部分运行时间集中在第一次迭代。③ 由于算法固有的多层次特性，模块度所存在的分辨率限制问题也得到解决。

3.2.2　图划分聚类

图划分聚类算法的目的是通过优化特定的目标函数来发现数据中存在的分区，并迭代地提高分区的质量。这些算法通常需要特定的用户参数来选择代表每个聚类的原型点，因此图划分聚类算法也被称为基于原型的聚类算法。经典的图划分聚类算法为 k-means 聚类算法，它是最简单且最有效的聚类算法之一。本小

节主要从 k-means 算法展开介绍。

k-means 算法由 Macqueen[15] 提出。在事先给定最终的聚类类别总数 k 的情况下，首先随机选定初始点为质心，通过计算每个样本与质心之间的相似度，将样本点归到最相似的类中。接着，重新计算每个类的质心 (即为类中心)。重复该过程直到质心不再发生改变为止，从而确定每个样本所属的类别及每个类的质心。由于每次都要计算所有的样本与每一个质心之间的相似度，因此 k-means 算法在大规模数据集上的收敛速度比较慢。此外，k-means 算法无法挖掘重叠社区和网络中的离群点。然而，在许多真实世界的数据集中，簇间存在重叠，并且经常有不属于任何社区的离群点存在。

Whang 等[14]重构了 k-means 算法，提出了一种非穷尽、重叠 k-means 算法 NEO-k-Means。本小节重点介绍该算法在社区发现中的应用。

1. NEO-k-Means 目标函数

给定一组数据点 $\chi = \{x_1, x_2, \cdots, x_n\}$，传统聚类方法旨在将数据点划分成 k 个簇，即 $C_1, C_2, \cdots, C_k$，$C_1 \cup C_2 \cup \cdots \cup C_k = \chi$。这种划分是不相交的，即 $C_i \cap C_j = \varnothing, \forall i \neq j$。$k$-means 算法的目标是为每个数据点选择到簇中心距离最小的簇。形式上，k-means 算法的目标如下：

$$\min_{\{C_j\}_{j=1}^{k}} \sum_{j=1}^{k} \sum_{x_i \in C_j} \|x_i - m_j\|^2, \quad \text{where } m_j = \frac{\sum\limits_{x_i \in C_j} x_i}{|C_j|} \tag{3.29}$$

已经证明，即使对于两个簇，最小化上述目标函数也是一个 NP 难问题。有一种有效的启发式 k-means 算法，也称为 Lloyd's 算法，可通过重复地将数据点分配给与其最接近的簇并重新计算簇中心来单调地减小目标函数。

算法的目标是计算一组内聚簇 $C_1, C_2, \cdots, C_k$，使得 $C_1 \cup C_2 \cup \cdots \cup C_k \subseteq \chi$。为使簇间重叠，引入分配矩阵 $\boldsymbol{U} = [U_{ij}]_{n\times k}$，其中 $U_{ij} \in \mathbb{B} = \{0, 1\}$，即如果 x_i 属于簇 j，则 $U_{ij} = 1$；否则 $U_{ij} = 0$。如果目标是挖掘不相交和穷举的簇，分配矩阵 $\boldsymbol{U}$ 中 1 的数量应等于 n，因为每个数据点恰好被分配给一个簇。然而，在非穷举重叠聚类算法中，分配矩阵 $\boldsymbol{U}$ 的一行中可以有多个 1，这意味着一个数据点可以属于多个簇。此外，也存在全零行，代表一些数据点没有分配给任何一个簇。添加一个约束为控制在 $\boldsymbol{U}$ 中进行的分配，即 $\boldsymbol{U}$ 中的总分配数量应该等于 $n + \alpha n$，其中 α 控制簇之间的重叠量。形式上，添加约束 $\mathrm{tr}(\boldsymbol{U}^{\mathrm{T}}\boldsymbol{U}) = (1+\alpha)n$，$0 \leqslant \alpha \leqslant (k-1)$ 且 $\alpha \ll (k-1)$，该约束使得每个数据点可分配给多个簇。

为处理离群点，定义指示函数 $I\{\exp\}$，如果 exp 为真，则 $I\{\exp\} = 1$，否则为 0。设 $\boldsymbol{e}$ 表示所有元素都等于 1 的 $k\times 1$ 维列向量。向量 $\boldsymbol{Ue}$ 表示每个数据点所属的簇的数量。因此，$(\boldsymbol{Ue})_i = 0$ 意味着 x_i 不属于任何簇。将 $\sum_{i=1}^{n}\{(\boldsymbol{Ue})_i = 0\}$ 的上限设置为 βn，可以控制非穷举性且最多可以将 βn 个数据点视为离群点，$0 \leqslant \beta n \ll n$。加权核非穷尽重叠 k-means (non-exhaustive, overlapping k-means, NEO-k-Means) 目标函数定义如下：

$$\min_{\boldsymbol{U}\in\mathbb{B}^{n\times k}} \sum_{j=1}^{k}\sum_{i=1}^{n} U_{ij}\left\|x_i - m_j\right\|^2, \text{where } m_j = \frac{\sum_{i=1}^{n} U_{ij}x_i}{\sum_{i=1}^{n} U_{ij}}$$

$$\text{s.t. tr}\left(\boldsymbol{U}^{\mathrm{T}}\boldsymbol{U}\right) = (1+\alpha)n, \sum_{i=1}^{n} I\left\{(\boldsymbol{Ue})_i = 0\right\} \leqslant \beta n \tag{3.30}$$

与 k-means 类似，NEO-k-Means 目标函数被设计为最小化每个数据点到其所在的社区聚类中心的平方距离之和，但是其分配不一定被限制为不相交和穷举的。

此外，可以通过为每个数据点引入非线性映射 ϕ 和非负权重来将式 (3.30) 扩展到加权核 NEO-k-Means。

$$\min_{\boldsymbol{U}\in\mathbb{B}^{n\times k}} \sum_{j=1}^{k}\sum_{i=1}^{n} U_{ij}w_i\left\|\phi(x_i) - m_j\right\|^2, \text{where } m_j = \frac{\sum_{i=1}^{n} U_{ij}w_i\phi(x_i)}{\sum_{i=1}^{n} U_{ij}w_i}$$

$$\text{s.t. tr}\left(\boldsymbol{U}^{\mathrm{T}}\boldsymbol{U}\right) = (1+\alpha)n, \sum_{i=1}^{n} I\left\{(\boldsymbol{Ue})_i = 0\right\} \leqslant \beta n \tag{3.31}$$

式 (3.31) 中非线性映射使得能够在更高维的特征空间中聚类数据点。

2. 基于 NEO-k-Means 的图聚类

本部分将介绍如何将传统的图聚类目标扩展到非穷举重叠图聚类。这一讨论为重叠归一化割度量提供了依据，证明扩展图聚类目标在数学上等价于 NEO-k-Means 目标，使得能够利用 NEO-k-Means 思想来解决重叠社区发现问题。

1）基于归一化割的图聚类

给定无向图 $G = (V, E)$，邻接矩阵 $\boldsymbol{A} = [A_{ij}]$，如果有边，$A_{ij}$ 等于节点 i 和 j 之间的边权重，否则为零。传统的图聚类问题旨在寻找 k 个不相交的簇，使得 $C_1 \cup C_2 \cup \cdots \cup C_k = V$。

设 $\text{links}(C_p, C_q)$ 表示 C_p 和 C_q 之间的边权重之和。图的归一化割被定义如下：

$$\text{Ncut}(G) = \min_{C_1,C_2,\cdots,C_k} \sum_{j=1}^{k} \frac{\text{links}(C_j, V\backslash C_j)}{\text{links}(C_j, V)} \tag{3.32}$$

使用线性代数公式，归一化割目标可表示为

$$\text{Ncut}(G) = \min_{y_1,\cdots,y_k} \sum_{j=1}^{k} \frac{\boldsymbol{y}_j^{\text{T}}(\boldsymbol{D}-\boldsymbol{A})\boldsymbol{y}_j}{\boldsymbol{y}_j^{\text{T}}\boldsymbol{D}\boldsymbol{y}_j} = \max_{y_1,\cdots,y_k} \sum_{j=1}^{k} \frac{\boldsymbol{y}_j^{\text{T}}\boldsymbol{A}\boldsymbol{y}_j}{\boldsymbol{y}_j^{\text{T}}\boldsymbol{D}\boldsymbol{y}_j} \tag{3.33}$$

式中，$\boldsymbol{D}$ 为度对角矩阵；$\boldsymbol{y}_j$ 为簇 j 的指示向量，即如果节点 i 属于簇 j，则 $\boldsymbol{y}_j(i) = 1$，否则为 0。

2）将图分割目标扩展到非穷举重叠图聚类

式 (3.32) 中分子 $\text{links}(C_j, V\backslash C_j)$ 可以表示为 $\sum_{u\in C_j}\sum_{v\in V\backslash C_j} \text{links}(u,v)$。其中 $\text{links}(u,v)$ 表示节点 u 和 v 之间的边权重。设 $C(u)$ 表示节点 u 所属的一组簇，在不相交穷举聚类中，$|C(u)| = 1$。给定一条无向边 $\{u,v\}$，如果 $C(u) \neq C(v)$，则式 (3.32) 中该无向边的总惩罚为 $2\text{links}(u,v)$，反之总惩罚为零。

归一化割目标[16]的一般形式为

$$\text{Ncut}(G) = \min_{C_1,C_2,\cdots,C_k} \sum_{j=1}^{k} \frac{\sum_{u\in C_j}\sum_{v\in V\backslash C_j} \text{links}(u,v)}{\text{links}(C_j, V)} \tag{3.34}$$

其中，簇 $C_1, C_2, \cdots, C_k$ 可能是非穷举和重叠的。在传统的归一化割定义中，$C(u)$ 和 $C(v)$ 间的关系是 $C(u) \neq C(v)$ 或 $C(u) = C(v)$。然而，在非穷举的重叠图聚类中，$C(u)$ 和 $C(v)$ 之间可能存在各种关系，这是因为每个节点可以属于多个簇。

那么，如何正式表示非穷举重叠图聚类的归一化割目标呢？首先引入一个分配矩阵 $\boldsymbol{Y} = [y_{ij}]_{n\times k}$，如果一个节点 i 属于簇 j，则 $y_{ij} = 1$；否则 $y_{ij} = 0$。通过引入与式 (3.30) 中相同的约束，将式 (3.32) 扩展到非穷举重叠图聚类：

$$\min_{y_1,\cdots,y_k} \sum_{j=1}^{k} \frac{\boldsymbol{y}_j^{\text{T}}(\boldsymbol{D}-\boldsymbol{A})\boldsymbol{y}_j}{\boldsymbol{y}_j^{\text{T}}\boldsymbol{D}\boldsymbol{y}_j} = \max_{y_1,\cdots,y_k} \sum_{j=1}^{k} \frac{\boldsymbol{y}_j^{\text{T}}\boldsymbol{A}\boldsymbol{y}_j}{\boldsymbol{y}_j^{\text{T}}\boldsymbol{D}\boldsymbol{y}_j}$$

$$\text{s.t.}\ \text{tr}(\boldsymbol{Y}^{\text{T}}\boldsymbol{Y}) = (1+\alpha)n, \sum_{i=1}^{n} I\{(\boldsymbol{Y}\boldsymbol{e})_i = 0\} \leqslant \beta n \tag{3.35}$$

通过调整 α 和 β，可以控制重叠度和非穷尽性。如果 $\alpha = 0$，$\beta = 0$，相当于传统的归一化割目标。

值得注意的是，在非穷举重叠图聚类中，与不相交和穷举图聚类相比，归一化割变化更为缓慢。尽管本小节关注的是归一化割，但其他图聚类目标也可以使用类似的方法扩展到非穷举重叠图聚类。

3.2.3　模糊聚类

Luo 等[17]的工作从模糊关系构成的角度研究网络结构，提出了基于模糊关系的社区发现算法。下面将根据此工作具体介绍基于模糊关系的社区发现方法。

1. 模糊关系

对于任意两个节点 v 和 u，“从节点 v 到节点 u 的跟随或依赖关系”被定义为模糊关系 $R(v,u)$。当模糊关系足够大时，节点 v 属于节点 u 的社区。反之，如果模糊关系很小，它们应该被分配到不同的社区。这意味着即便节点 v 与节点 u 接近，但节点 v 与节点 u 之间的关系不一定是紧密的，即模糊关系 $R(v,u)$ 是非对称的。这与社交网络的实际情况是一致的。例如，一个公司的员工经常考虑他的部门领导，这意味着 R(员工, 领导) 相对较大。但是，由于领导负责很多事情，他/她可能没有太多时间关注员工。因此，R(领导, 员工) 可能很小。

假设 v 是网络的任意节点，NGC(v) 指的是 v 具有较大中心性的节点 (nodes with greater centrality, NGC)，现在需要测量 v 到 NGC(v) 的模糊关系。从 v 到 NGC(v) 的模糊关系较大就意味着 v 应该被划分到 NGC(v) 属于的社区。相反，如果模糊关系较小，则 v 与 NGC(v) 属于不同的社区。

从节点 v 到节点 NGC(v) 有许多路径。假设 P 是从 v 到 NGC(v) 的所有路径的集合，p 是属于 P 的一条路径，可以表示为 $p=\{n_1,n_2,\cdots,n_k\}$，其中 n_i 是路径 p 中的一个节点。显然，n_1 是 v，n_k 是 NGC(v)。v 到 NGC(v) 的模糊关系应定义为[18]

$$R\left(v,\mathrm{NGC}(v)\right)=\max_{p\in P}\left\{\mu_p(n_1,n_k)\right\} \tag{3.36}$$

式 (3.36) 中，$\mu_p(n_1,n_k)$ 可用以下公式计算：

$$\mu_p(n_1,n_k)=t(\mu_p(n_1,n_{k-1}),\mu_p(n_{k-1},n_k)) \tag{3.37}$$

$\mu(n_i,n_{i+1})$ 可计算如下：

$$\mu(n_i,n_{i+1})=\frac{1+|\mathit{\Gamma}(n_i)\cap\mathit{\Gamma}(n_{i+1})|}{|\mathit{\Gamma}(n_i)|} \tag{3.38}$$

式中，$\mathit{\Gamma}(x)$ 表示节点 x 的邻域。

图 3.6 说明了节点和其 NGC 节点之间的模糊关系。假设需要找到 D 的 NGC(D) 节点并计算 $R(D,\mathrm{NGC}(D))$。显然，L 是唯一一个中心度大于 D 的节

点，即 L 是 D 的 NGC 节点。从 D 到 L 有许多路径，对于路径 $p=\{D,E,K,L\}$，使用式 (3.37) 计算两个相邻节点的相交率，即 $\mu_p(D,E)=3/6$，$\mu_p(E,K)=1/4$，$\mu_p(K,L)=3/4$。因此，$\mu_p(D,L)=(3/6)\times(1/4)\times(3/4)=3/32$。然而，从 D 到 L 还有其他路径，但是 $p=\{D,E,K,L\}$ 得到最大的 $\mu_p(D,L)$。因此，D 和 L 之间的模糊关系是 3/32，即 $R(D,\text{NGC}(D))=3/32$。在图 3.6 中，D 是 A 的 NGC 节点，$R(A,D)$ 是 1，而 $R(D,A)$ 是 0.5，这意味着节点 A 倾向于完全跟随节点 D。但是，节点 D 不太关心 A，因为节点 D 有其他链接。

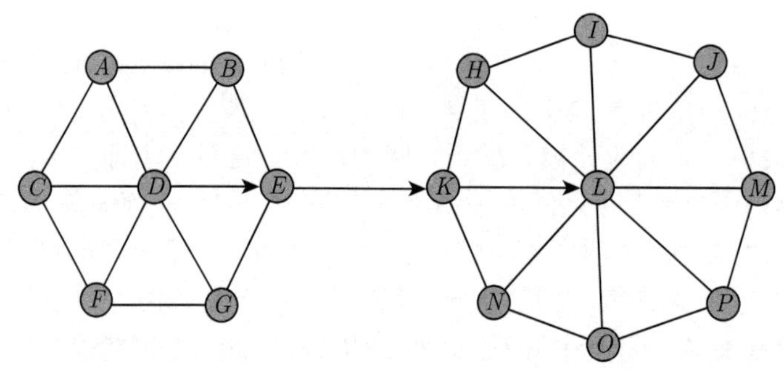

图 3.6　计算模糊关系 $R(D,\text{NGC}(D))$

2. 基于 NGC 节点的模糊关系计算

下面给出寻找节点 v 的 NGC 节点和计算相应模糊关系的主要过程。该算法用 w 表示 NGC(v)，用 fuzzy relation 存储模糊关系 $R(v,w)$，对每个节点 x，x.centrality 表示 x 的中心性，用 x.mju 暂时保存 v 到 x 的模糊关系，另外需要 OpenTable 和 CloseTable 两种数据结构。前者用于存储已找到但未访问的节点，后者用于存储已访问的节点，算法如下。

算法 3.1 基于 NGC 节点的模糊关系计算算法

输入： 图 G，节点 v

输出： 节点 v 的 NGC(v) $=w$，节点 v 到 w 的模糊关系 fuzzy relation

$w=v$;
fuzzy relation ← ∅;
OpenTable ← ∅;
CloseTable ← ∅;
findtag←False;
for $x\in\Gamma(v)$ **do**
　计算 $\mu(v,x)$ 并将节点 x 加入到 OpenTable 中;
end for
while OpenTable ≠ ∅**do**

```
C ← 找到 OpenTable 中具有最大 x.mju 的节点 x;
if findtag=False then
  if c.centrality>v.centrality then
    w ← c;
    fuzzy relation← c.mju;
    findtag=True;
  end if
else
  if c.mju<fuzzy relation then:
    break;
  end if
  if c.centrality>w.centrality then:
    w ← c;
    fuzzy relation← c.mju;
    end if
  end if
  将节点 c 加入到 CloseTable 并在 OpenTable 删除;
  for y ∈ Γ(c)do
    计算 μ(c,y);
    currentfr← c.mju×μ(c,y);
    if y ∉ OpenTable& y ∉ CloseTable then
      y.mju←currentfr;
      将节点 y 添加到 OpenTable 中;
    else if y ∈ OpenTable then
      if currentfr>y.mju then: y.mju←currentfr; end if
    else if y ∈ CloseTable then
      if currentfr >y.mju then: y.mju←currentfr;
        将节点 y 添加到 OpenTable 中，并从 CloseTable 中删除;
      end if
    end if
  end for
end while
return w, fuzzy relation
```

具体地，① 将标志 findtag 设置为 False，如果找到 NGC 节点则为 True，否则为 False。② 将 v 的每个直接邻居（如 x）加到 OpenTable 中，v 与 x 的交集率为 x.mju。③ 从 OpenTable 中获取一个节点 c：对于 OpenTable 中的任意节点 x，c.mju 不小于 x.mju。如果 findtag 为 False 且 c.centrality 大于 v.centrality，则节点 c 是迄今为止发现的具有更大中心性的最近节点。因此，如果没有其他节点的模糊关系与 c.mju 相同，则节点 c 将成为 NGC(v)。然而，当 NGC(v) 不唯一时，具有最大中心性的节点将是 NGC(v)。一旦确定 NGC(v)，算法将终止。④ 从 OpenTable 中删除 c 并将其添加到 CloseTable。对于节点 c 的每个直接邻居（即 y），用公式 (3.36) 计算 c 到 y 的单向交叉率 [即 $\mu(c,y)$]。设 currentfr 暂时取 $c.\text{mju}\times\mu(c,y)$ 的值。⑤ 跳到步骤③直到 OpenTable 为空。

值得注意的是，网络 G 中中心度最大的节点没有 NGC 节点，因此假设其 NGC 节点是其自身，且该节点到 NGC 节点的模糊关系为 0。显然，作为网络中中心度最大的节点，它是第一个确定的社区的中心节点。

3. 增强模糊关系

中心度越大、模糊关系越小的节点越有可能成为社区中心。因此，应该扩大社区中心与其他节点之间模糊关系的差距。在这一部分中，对模糊关系进行了细化，使中心节点更加突出。

对于节点 v 的每个邻居（如 x），定位从 x 到具有最大中心性的节点的路径并递归地查找 x 的 NGC 节点、NGC(x)、NGC(NGC(x)) 等。定义可以移动到节点 v 的邻居的速率如下：

$$r(v)=\frac{\text{frequent}}{\deg(v)} \tag{3.39}$$

式中，frequent 为通过节点 v 的路径的数量；$\deg(v)$ 为节点 v 的度。$r(v)$ 越大，意味着 v 越有可能成为社区中心。

然后，用式 (3.40) 对 v 与 NGC(v) 之间的模糊关系进行细化。

$$R^{*}(v,\text{NGC}(v))=\begin{cases}1-r(v), & R(v,\text{NGC}(v))<0.5\&r(v)<0.5\\ R(v,\text{NGC}(v)), & \text{其他}\end{cases} \tag{3.40}$$

式中，$R(v,\text{NGC}(v))$ 为不加细化的模糊关系。如果模糊关系 $R(v,\text{NGC}(v))$ 不小于 0.5，则 v 更有可能是非中心节点，其与 NGC 节点的模糊关系将不被细化。换言之，如果节点 v 与其 NGC 节点之间的模糊关系不小于 0.5，则 v 不能作为社区中心，这是因为它与其 NGC 节点紧密相关。

如果模糊关系 $R(v,\text{NGC}(v))$ 较小，则节点 v 可能是潜在的社区中心。然而，一些伪中心节点可能会被混入，其模糊关系需要进一步细化。在 $R(v,\text{NGC}(v))$ 小于 0.5 的前提下，利用 $R(v)$ 来识别伪中心节点：如果 $R(v)$ 小于 0.5，v 更有可能是伪中心节点，v 与 NGC(v) 之间的模糊关系应修正为 $1-R(v)$。这样，非中心节点和中心节点之间的间隙将非常明显。

4. 基于模糊关系的社区发现

基于模糊关系的社区发现方法具体步骤：首先，计算每个节点的中心度以及从任意节点到其 NGC 节点的模糊关系。其次，生成一个水平轴为中心度，垂直轴为每个节点与 NGC 节点的模糊关系的决策图。图 3.7 为空手道俱乐部成员网络的决策图[19]，实际上包含两个社区。位于图 3.7 右下角的节点与其他节点的距离相对较远，是非常特殊的，事实上，他们是社区的中心。决策图在社区结构构建中有至关重要的作用，社区结构可以从决策图中导出。

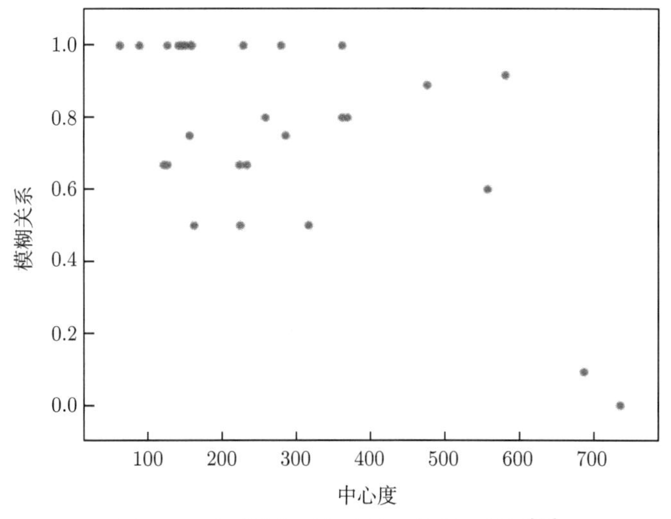

图 3.7 空手道俱乐部成员网络的决策图[19]

具体地，首先将网络中的节点根据中心度按降序排序，comnumber 指社区号码，其初始值为 0。其次，从有序节点列表中顺序获取未与任何社区（由 v 表示）关联的每个节点。设 $R^*(v, \mathrm{NGC}(v))$ 表示 v 与其 NGC 节点之间的模糊关系，如果 $R^*(v, \mathrm{NGC}(v))$ 小于阈值 σ，意味着 v 是一个新的社区中心，则创建一个新的社区；否则，v 将被标记为其 NGC 节点的社区号。

图 3.8 给出了当 σ 为 0.40 时，基于模糊关系的社区发现识别的空手道俱乐部成员网络社区结构图，其中该网络分为两个社区，与真正的社区结构相同，此时阈值增量可以通过观察决策图来选择。一般来说，社区中心节点和非中心节点之间存在着比较明显的差距，因此可以很容易地在差距中选择合适的 σ。低于阈值 σ 的节点是社区中心节点，其他节点是非中心节点。另外，当决策图中的中心节点和非中心节点之间的差距不明显时，需要对社区的数量做一个粗略的估计。假设网络将被划分为 comnumber 社区，在相应的决策图中设置一个相对于垂直轴的阈值 σ，使得决策图中的中心节点与 NGC 节点的模糊关系小于该阈值的节点数，近似为 comnumber。

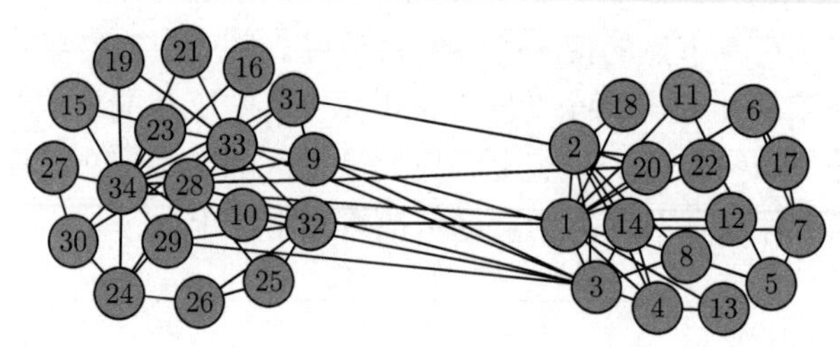

图 3.8　基于模糊关系的社区发现识别的空手道俱乐部成员网络社区结构图[19]

3.3　其他社区发现方法

本节将主要介绍两类全局社区发现方法：一是基于随机块模型的社区发现方法，二是基于统计建模模型的社区发现方法。下面将分别基于这两部分介绍相应社区发现方法。

3.3.1　基于随机块模型的社区发现方法

现有研究表明，传统社区发现方法存在以下问题：① 大多采用启发式方法挖掘社区结构，缺乏一定的理论依据[20]；② 基于模块度的社区发现方法存在分辨率和尺度问题的局限[21]；③ 人们关于真实网络结构的先验知识很少，并不清楚网络中是否存在连接紧密的子图或其他类型结构，以及这些结构间是如何重叠和组织的，因此传统社区发现方法在没有先验信息时不能发挥较好的作用[22]。有研究结果表明，真实网络中确实存在多种类型结构[23]，因此挖掘丰富的网络结构模型是真实网络中的应用需求。

随机块模型[24](stochastic block model, SBM) 是由社会学领域角色分析模型——块模型 (block model) 发展而来的，根据概率对等性 (stochastic equivalent) 将具有相似角色的节点分类。该模型对网络结构不作任何假设，但能挖掘出没有先验信息的网络中的结构[25]，是目前很有前景的网络结构发现模型。SBM 是一种网络生成模型，分两步生成网络：首先将所有节点划分到不同的类中，其次根据类内及类间链接概率决定任意两个节点间是否产生链接。通过引入类间链接概率矩阵，使得模型可以灵活地产生各种类型的网络。例如，对角链接概率矩阵可产生由独立子图组成的网络；对角元素较大、非对角元素较小的链接概率矩阵可产生同配 (assortative mixing) 网络结构 (即传统社区结构)；非对角元素较大、对角元素较小的链接概率矩阵可产生异配 (disassortative mixing) 网络结构 (如多分图)；变换矩阵形式可产生更丰富的混合网络结构。由 SBM 根据概率对等性定义的类称为广义社区，包括传统社区。除了能够产生多种类型结构的网络以外，SBM 还可以完成比传统社区发现更广的网络结构发现任务，利用模型假设和参数生成的网络拟合实际观测网络，通过 EM 算法、变分 EM 算法、Gibbs 采样方法等求解网络节点的社区指派参数及社区链接概率矩阵参数。由社区指派参数可得网络广义社区划分结果，由链接概率矩阵参数可得社区间复杂交互模式，这使 SBM 成为网络结构发现的一个有效工具。然而，简单的 SBM 不能很好地拟合实际观测网络，许多研究对 SBM 的参数学习和类个数选择方法进行改进，但最多处理包含几百个节点的网络[26]。此外，这类研究生成网络的过程和简单 SBM 一样，在生成链接的过程中尚未考虑一些实际因素，如不同节点在网络生成过程中产生边的差异。有研究者致力于改进 SBM 的生成过程，典型的研究有 Airoldi 等[27]提出的混合隶属度随机块 (mixed membership stochastic block, MMSB) 模型；Karrer 等[20]提出的度纠正随机块模型 (degree-corrected stochastic block model)；Shen[21]提出的扩展随机块 (general stochastic block, GSB) 模型。

基于 SBM 的社区发现算法一直深受研究人员的关注，其中柴变芳等[28]基于 GSB 模型设计了一种快速算法 (fast algorithm on the GSB model, FGSB)，利用随机块模型更快地发现网络的广义社区。下面将根据此工作具体介绍基于随机块模型的社区发现方法。

GSB 模型基于随机块模型和链接社区思想，通过对有向网络的生成过程建模，考虑节点的不同角色，有效地求解网络广义社区及社区间的交互规律。基于 GSB 模型的广义社区发现算法不仅能够发现传统社区，而且能够发现传统社区之外更多类型的结构以及这些结构间的交互模式。但 GSB 模型求解算法受其复杂度限制，只能发现中小型网络上的广义社区，影响了模型的广泛应用。

本小节首先介绍简单 SBM，其次描述 GSB 模型的生成过程及参数求解方法。SBM 假设网络 A 的链接生成过程分为两步：

(1) 将网络中每个节点 i 以概率 θ_k 指派到第 k 个社区。其中，$\boldsymbol{\theta}$ 为 K 维向量，节点 i 的社区变量用 $\boldsymbol{Z}_i$ 表示。

(2) 节点间产生链接 A_{ij} 的概率服从伯努利分布，即 $A_{ij} \sim \text{Bernoulli}(\omega_{z_i z_j})$。其中，$\boldsymbol{\omega}$ 为 $K \times K$ 维矩阵，每个元素 ω_{rs} 表示社区 r 和 s 间生成链接的概率。

根据现有的参数求解方法可估计 $\boldsymbol{Z}$ 和 $\boldsymbol{\omega}$ 的取值，从而获得网络节点的社区指派及社区间的交互矩阵。

SBM 假设生成链接的概率仅与两个端点的社区相关，社区选择各节点的概率相同，而实际的链接生成过程与很多因素有关，如权威的节点，其被社区选择的概率相对要大。另外，SBM 只能进行非重叠社区发现，因此 SBM 不符合实际应用需求。GSB 模型为此问题提供了一种有效解决方法，其采用链接社区的思想 (即如果一个节点有多种类型的边，则其隶属于多个社区) 对有向网络生成过程建模，该假设保证模型能够生成重叠社区。GSB 模型可发现广义社区，其定义与 SBM 的定义相同，即社区 r 中的节点与社区 s 中的节点间的链接概率相同，这使得 GSB 模型能够发现多种类型的网络结构。GSB 模型在生成有向链接的过程中，假设节点被选择的概率与节点在本社区的重要性相关，该假设保证模型能逼近更真实的网络。假设有向网络 A 有 K 个社区，社区 r 中的节点和社区 s 中的节点以相同的概率 ω_{rs} 产生链接，则网络生成每个链接 $\langle i, j\rangle$ 的过程如下：

(1) 以概率 ω_{rs} 为链接 $\langle i, j\rangle$ 选择社区对 $\langle r, s\rangle$，其中 ω_{rs} 满足限制 $\sum\limits_{rs}\omega_{rs}=1$。

(2) 以概率 θ_{ri} 从社区 r 中选择节点 i，其中 θ_{ri} 满足限制 $\sum\limits_{i}\theta_{ri}=1$。

(3) 以概率 ϕ_{sj} 从社区 s 中选择节点 j，其中 ϕ_{sj} 满足限制 $\sum\limits_{j}\phi_{sj}=1$。

根据上述链接生成过程，网络的对数似然函数表示如下：

$$\ln P(\boldsymbol{A}|\boldsymbol{\omega},\boldsymbol{\theta},\boldsymbol{\phi})=\sum_{ij}A_{ij}\ln\left[\sum_{rs}(\omega_{rs}\theta_{ri}\phi_{sj})\right] \tag{3.41}$$

基于对数似然函数及参数的限制条件，可用 EM 算法求解最大对数似然函数的参数。其中，E 步计算每条边的潜在社区对指派概率分布为 q；M 步计算参数，社区交互概率矩阵 $\boldsymbol{\omega}$，产生链接的节点中心度 $\boldsymbol{\theta}$ 和接收链接的节点中心度 $\boldsymbol{\phi}$。潜在变量和参数的计算公式如式 (3.42)～式 (3.45) 所示：

$$q_{ijrs}=\frac{\omega_{rs}\theta_{ri}\phi_{sj}}{\sum\limits_{rs}\omega_{rs}\theta_{ri}\phi_{sj}} \tag{3.42}$$

$$\theta_{ri}=\frac{\sum\limits_{js}A_{ij}q_{ijrs}}{\sum\limits_{ijs}A_{ij}q_{ijrs}} \tag{3.43}$$

$$\phi_{sj}=\frac{\sum\limits_{ir}A_{ij}q_{ijrs}}{\sum\limits_{ijr}A_{ij}q_{ijrs}} \tag{3.44}$$

$$\omega_{rs}=\frac{\sum\limits_{ir}A_{ij}q_{ijrs}}{\sum\limits_{ijrs}A_{ij}q_{ijrs}} \tag{3.45}$$

利用 $\boldsymbol{\omega}$ 得到网络各社区间的交互矩阵，利用 $\boldsymbol{\theta}$ 和 $\boldsymbol{\phi}$ 计算节点的软社区隶属度，进一步利用这 3 个参数进行重叠社区和非重叠社区的发现。当 GSB 模型中

的 $\boldsymbol{\theta}$ 和 $\boldsymbol{\phi}$ 相等时，可处理无向网络的广义社区发现问题；当 A_{ij} 为区间 [0, 1] 的任意值时，可处理有权网络的广义社区发现问题。

3.3.2　基于统计建模模型的社区发现方法

识别网络中的社区可以被视为将一组节点聚类到社区中，其中一个节点可以同时隶属多个社区。仅考虑对象 (即节点) 及其属性或网络和对象之间的链接集合算法可能无法解释数据中的重要结构。例如，属性可以反映链接较少的节点隶属哪个社区，这很难仅从对网络结构的分析中确定。相反，结构可能会提供两个对象是否属于同一社区的证据，即使其中一个对象并没有属性信息。因此，将两个信息源共同考虑并将网络社区视为紧密连接但也共享一些共同属性的节点集。节点属性可以补充对网络结构的分析，从而更精确地检测网络中的社区；此外，如果一个信息源丢失或有噪声，另一个可以弥补它。然而，考虑到节点属性和网络拓扑结构对社区发现带来的挑战性，必须结合两种截然不同的信息模式。

基于统计建模模型的主要思想是对网络中的结构或属性进行统计建模，得出总体目标函数，再对目标函数进行求解。Yang 等[29]对网络结构和节点属性之间的相互作用进行统计建模，设计了一种融合边结构和节点属性的、在大型网络中发现重叠社区结构的方法，即基于边缘结构和节点属性的社区发现方法 (communities from edge structure and node attributes, CESNA)。首先，模型允许通过使用硬节点社区成员关系来检测重叠的社区。通过这种方式，可以避免软成员方法的假设，即共享多个公共社区的节点不太可能连接。其次，假设社区和属性是边独立的，且社区“生成”了网络和属性，这样就允许网络与属性之间互相依赖。如图 3.9 所示，圆圈表示需要推断的潜在变量，正方形表示可观测到的变量。下面将具体介绍基于统计建模的社区发现方法。

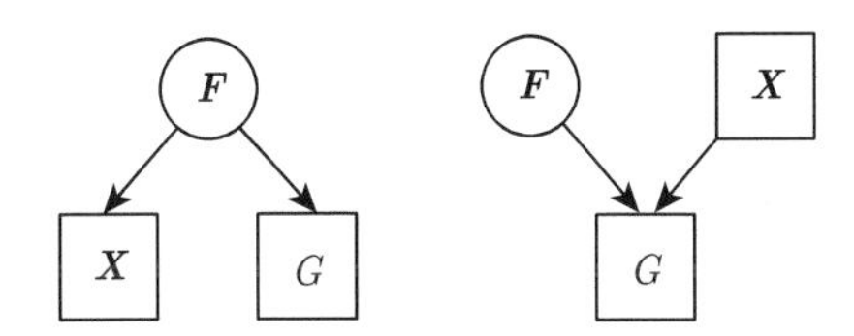

图 3.9　对图 G、属性 $\boldsymbol{X}$ 和社区隶属关系 $\boldsymbol{F}$ 之间的统计关系进行建模的两种形式

为了对模型进行拟合，设计一种块坐标上升的方法，可以在网络边数量上按线性时间更新所有模型参数，使该方法扩展到的网络并比先前的方法要大一个数量级。

此外，CESNA 可以检测网络中重叠、非重叠及分层嵌套社区，同时考虑节点属性和图结构。这是一种满足上述需求的网络和节点属性的概率生成模型，模型基于以下直觉：

(1) 隶属相同社区的节点可能彼此连接。

(2) 社区可以重叠，这是因为单个节点可能隶属多个社区。

(3) 如果两个节点隶属多个共同社区，那么它们比仅隶属一个共同社区更可能存在链接关系 (即重叠社区链接更密集)。

(4) 同一社区中的节点可能具有相同的属性，如一个社区可能由就读于同一所学校的朋友组成。

1. 问题陈述

假设网络 G 中有 N 个节点，每个节点都有 K 个属性，共有 C 个社区。用 $\boldsymbol{X}$ 表示节点属性矩阵 (X_{uk} 是节点 u 的第 k 个属性)，用 $\boldsymbol{F}$ 表示社区成员隶属关系。对于 $\boldsymbol{F}$，假设每个节点 u 对社区 c 具有非负的隶属权重 $F_{uc} \in [0, \infty)(F_{uc} = 0$ 表示节点 u 不属于社区 $c)$。

2. 建模网络链接

模拟网络结构如何依赖于节点与社区之间的隶属关系，目标是捕获以下三个直觉：

(1) 节点社区隶属关系影响一对节点链接的可能性。

(2) 影响程度 (属于同一社区的节点链接的概率) 因社区而异。

(3) 每个社区独立地影响这种链接概率。

为了生成网络 G 的邻接矩阵 $\boldsymbol{A}$，$\boldsymbol{A} \in \{0,1\}^{N\times N}$，假设属于社区 c 的两个成员节点 u、v 的链接概率如下：

$$P_{uv}(c) = 1 - \exp(-F_{uc} \cdot F_{vc}) \tag{3.46}$$

注意，如果 u 或 v 不属于 $c(F_{uc}=0$ 或 $F_{vc}=0)$，这些节点将不会被链接 $[P_{uv}(c)=0]$。

假设每个社区 c 以概率 $1-\exp(-F_{uc}\cdot F_{vc})$ 独立地链接节点 u 和 v，由此可以得出节点 u 和 v 之间的边概率 P_{uv}。为了使 u 和 v 不链接，那么在任何社区 c 中节点 u 和 v 都不应该链接。

$$1 - P_{uv} = \prod_c [1 - P_{uv}(c)] = \exp\left(-\sum_c F_{uc} \cdot F_{vc}\right) \tag{3.47}$$

总之，假设网络的邻接矩阵中每一项 $A_{uv} \in \{0,1\}$ 的产生过程如下：

$$P_{uv}(c) = 1 - \exp(-F_{uc} \cdot F_{vc}) \tag{3.48}$$

$$A_{uv} \sim \text{Bernoulli}(P_{uv}) \tag{3.49}$$

注意，上述生成过程满足前面提到的三个直觉。网络的边是通过共享社区成员关系 (直觉 1) 来创建的。将节点 u 的每个成员 F_{uc} 视作自变量，允许一个节点同

时属于多个社区 (直觉 2)。这与 “软–成员” 模型形成了鲜明对比，后者添加了约束 $\sum\limits_{c} F_{uc}=1$，因此 F_{uc} 是节点 u 属于特定社区的概率。最后，由于每个社区 c 独立地在其成员之间生成链接，因此属于多个公共社区的节点比只共享一个社区的节点具有更高的连接概率 (直觉 3)。

3. 建模节点属性

社区隶属关系可以用来建模网络边，也可以用来建模节点属性。接下来描述如何从社区成员隶属关系生成节点属性。假设节点 u 的每个属性 X_{uk} 都是二值属性，考虑单独的 logistic 模型。直觉上，基于节点的社区成员关系，应该能够预测每个节点的属性值。因此，成员隶属关系 F_{u1}、$\cdots$、F_{uc} 作为 logistic 模型的输入特征，并结合 logistic 权重因子 W_{kc}(对于每个属性 k 和社区 c)。在每个节点 u 的输入特征中添加一个截距项 $F_{u(c+1)}=1$。

$$Q_{uk}=\frac{1}{1+\exp\left[-\sum\limits_{c}(W_{kc}\cdot F_{uc})\right]} \tag{3.50}$$

$$X_{uk}\sim \text{Bernoulli}(Q_{uk}) \tag{3.51}$$

式中，W_{kc} 为社区 c 到第 k 个节点属性的实值 logistic 模型参数，$W_{k(c+1)}$ 为偏差项，W_{kc} 的值表示每个组成员 c 与特定节点属性 k 存在的相关性。

4. 推断社区

给定具有二元节点属性 $\boldsymbol{X}$ 的无向图 $G=(V,E)$，目标是检测社区 C 以及社区和属性之间的关系。假设社区 C 的数量已经给定，目标是根据观察到的网络和属性推断潜在变量 $\boldsymbol{F}$ 和 $\boldsymbol{W}$。这意味着需要估计 $(N\times C)$ 个社区成员 (即 $\hat{\boldsymbol{F}}\in\mathbb{R}^{N\times C}$) 和 $K\times(C+1)$ 个逻辑权重参数 (即 $\hat{\boldsymbol{W}}\in\mathbb{R}^{K\times(C+1)}$)。

通过最大化观测数据 G 和 $\boldsymbol{X}$ 的似然函数 $L(\boldsymbol{F},\boldsymbol{W})=\log_2 P(G,\boldsymbol{X}|\boldsymbol{F},\boldsymbol{W})$，找到最优的 $\hat{\boldsymbol{F}}$ 和 $\hat{\boldsymbol{W}}$，即

$$\hat{\boldsymbol{F}},\hat{\boldsymbol{W}}=\underset{\boldsymbol{F}\geqslant 0,\boldsymbol{W}}{\arg\max}\log_2 P(G,\boldsymbol{X}|\boldsymbol{F},\boldsymbol{W}) \tag{3.52}$$

因为 G 和 $\boldsymbol{X}$ 在给定 $\boldsymbol{F}$ 和 $\boldsymbol{W}$ 的条件下是独立的，所以可以将对数似然 $\log_2 P(G,\boldsymbol{X}|\boldsymbol{F},\boldsymbol{W})$ 分解成 L_G+L_X。其中，$L_G=\log_2 P(G|\boldsymbol{F})$ 且 $L_X=\log_2 P(\boldsymbol{X}|\boldsymbol{F},\boldsymbol{W})$，可以简单地使用式 (3.53) 和式 (3.54) 来计算 L_G 和 L_X:

$$L_G=\sum_{(u,v)\in E}\log_2[1-\exp(-\boldsymbol{F}_u\boldsymbol{F}_v^{\mathrm{T}})]-\sum_{(u,v)\notin E}\boldsymbol{F}_u\boldsymbol{F}_v^{\mathrm{T}} \tag{3.53}$$

$$L_X = \sum_{u,k} [X_{uk} \log_2 Q_{uk} + (1 - X_{uk}) \log_2(1 - Q_{uk})] \tag{3.54}$$

式中，$\boldsymbol{F}_u$ 为节点 u 的一个向量 $\{\boldsymbol{F}_{uc}\}$；Q_{uk} 在式 (3.50) 中已定义。

最后，还在 $\boldsymbol{W}$ 上调用 $L1$ 范数正则化 ($L1$-norm regularization) 以避免过度拟合并学习社区和属性之间的稀疏关系。因此，要解决的优化问题是

$$\hat{\boldsymbol{F}}, \hat{\boldsymbol{W}} = \underset{F \geqslant 0, W}{\arg\max}\, L_G + L_X - \lambda ||\boldsymbol{W}||_1 \tag{3.55}$$

式中，λ 为正则化超参数。

为了求解式 (3.55) 中的优化问题，采用块坐标上升方法。通过固定 $\boldsymbol{W}$ 和所有其他节点 v 的社区成员 $\boldsymbol{F}_v$ 来更新每个节点 u 的 $\boldsymbol{F}_u$。对所有节点更新 $\boldsymbol{F}_u$ 之后，在固定社区成员 $\boldsymbol{F}$ 的同时更新 $\boldsymbol{W}$，这样就可以将式 (3.55) 的非凸优化问题分解为一组凸子问题。接下来描述这些子问题的解决方案。在固定所有其他参数 (所有其他节点的成员 $\boldsymbol{F}_v$ 和 logistic 模型参数 $\boldsymbol{W}$) 时更新单个节点 u 的成员 $\boldsymbol{F}_u$。

此时，为每个 u 解决以下子问题：

$$\hat{\boldsymbol{F}}_u = \underset{F_{uc} \geqslant 0}{\arg\max}\, L_G(\boldsymbol{F}_u) + L_X(\boldsymbol{F}_u) \tag{3.56}$$

其中，$L_G(\boldsymbol{F}_u)$ 和 $L_X(\boldsymbol{F}_u)$ 是 L_G 的部分，L_X 包含 $\boldsymbol{F}_u$，即

$$L_G(\boldsymbol{F}_u) = \sum_{v \in N(u)} \log_2[1 - \exp(-\boldsymbol{F}_u \boldsymbol{F}_v^{\mathrm{T}})] - \sum_{v \notin N(u)} \boldsymbol{F}_u \boldsymbol{F}_v^{\mathrm{T}} \tag{3.57}$$

$$L_X(\boldsymbol{F}_u) = \sum [X_{uk} \log_2 Q_{uk} + (1 - X_{uk}) \log_2(1 - Q_{uk})] \tag{3.58}$$

式中，$N(u)$ 为 u 的邻居集合。注意，这个问题是凸的：$L_G(\boldsymbol{F}_u)$ 是 $\boldsymbol{F}_u$ 的凹函数，而 $L_X(\boldsymbol{F}_u)$ 是 $\boldsymbol{W}$ 被固定时 F_{uc} 的 logistic 函数。

为了解决这个凸问题，使用投影梯度上升。梯度可以直接计算：

$$\frac{\partial L_G(\boldsymbol{F}_u)}{\partial \boldsymbol{F}_u} = \sum_{v \in N(u)} F_{vc} \frac{\exp(-\boldsymbol{F}_u \boldsymbol{F}_v^{\mathrm{T}})}{1 - \exp(-\boldsymbol{F}_u \boldsymbol{F}_v^{\mathrm{T}})} - \sum_{v \notin N(u)} F_{vc} \tag{3.59}$$

$$\frac{\partial L_X(\boldsymbol{F}_u)}{\partial \boldsymbol{F}_u} = \sum_k (X_{uk} - Q_{uk}) W_{kc} \tag{3.60}$$

然后，通过梯度上升更新每个 F_{uc}，然后投影到非负实数 $[0, \infty)$ 的空间：

$$F_{uc}^{\mathrm{new}} = \max\left(0, F_{uc}^{\mathrm{old}} + \alpha \left[\frac{\partial L_G \boldsymbol{F}_u}{\partial \boldsymbol{F}_u} + \frac{\partial L_X(\boldsymbol{F}_u)}{\partial \boldsymbol{F}_u}\right]\right) \tag{3.61}$$

式中，α 为使用回溯线性搜索设置的学习率。

接下来，通过保持社区成员 $\boldsymbol{F}$ 固定来更新逻辑模型的参数 $\boldsymbol{W}$。为了计算，首先可以在式 (3.55) 中忽略 L_G，这是因为 G 不依赖于 $\boldsymbol{W}$。然后，在 $\boldsymbol{W}$ 上加上 L_1-regularization，这是因为目标是学习社区成员和节点属性之间的稀疏关系。

$$\hat{\boldsymbol{W}} = \arg\max_{\boldsymbol{W}} \sum_{u,k} \log_2 P\left(X_{uk}|\boldsymbol{F},\boldsymbol{W}\right) - \lambda||\boldsymbol{W}||_1 \tag{3.62}$$

此外，当为每个属性使用独立的逻辑模型时，只需要在更新权重向量 $\boldsymbol{W}_k$ 时考虑第 k 个属性。

$$\arg\max_{\boldsymbol{W}_k} \sum_{u} \log_2 P\left(X_{uk}|\boldsymbol{F},\boldsymbol{W}_k\right) - \lambda||\boldsymbol{W}_k||_1 \tag{3.63}$$

注意，这是带有输入特征 $\boldsymbol{F}$ 和输出变量 $\boldsymbol{X}$ 的 L_1 正则化逻辑回归。再次简单的应用梯度上升方法：

$$\frac{\partial \log_2 P\left(X_{uk}|\boldsymbol{F},\boldsymbol{W}_k\right)}{\partial W_{kc}} = \left(X_{uk} - Q_{uk}\right) F_{uc} \tag{3.64}$$

$$W_{kc}^{\text{new}} = W_{kc}^{\text{old}} + \alpha\left[\sum_{u} \frac{\partial \log_2 P\left(X_{uk}|\boldsymbol{F},\boldsymbol{W}_k\right)}{\partial W_{kc}} - \lambda\cdot\text{sign}\left(W_{kc}\right)\right] \tag{3.65}$$

式中，α 与式 (3.61) 中相同，为学习率。

迭代地为每个 u 更新 $\boldsymbol{F}_u$，然后为每个属性 k 更新 $\boldsymbol{W}_k$。在对所有 $\boldsymbol{F}_u$ 和所有 $\boldsymbol{W}_k$ 进行完全迭代之后，一旦似然没有增加 (至少 0.001%)，就会停止迭代。

在获得了实值社区隶属关系 $\hat{\boldsymbol{F}}$ 后，需要确定节点 u 是否属于社区 c。为此，只有当相应的 F_{uc} 高于阈值 δ 时，才看作 u 属于 c。如果节点连接到 c 的其他成员且边概率高于 $1/N$，则设置 δ 使得节点属于社区 c。要确定 δ，需要解决 $1/N \leqslant 1-\exp\left(-\delta^2\right)$ 的问题。为解决这个不等式，设置 $\delta = \sqrt{-\log_2(1-1/N)}$，此外还尝试了 δ 的其他值，发现上述值在实践中表现出的性能最优。

为了自动找到社区 C 的数量，在邻接矩阵和节点–属性对中保留 10%的节点对作为保持集。改变 C，固定 CESNA 与 C 社区 90%的节点–节点对和节点–属性对，然后评估 CESNA 在保持集上的似然。诱导最大保持似然的 K 将被选择为社区的数量。

5. 超参数设置

为了初始化 $\boldsymbol{F}$，使用局部最小邻域。如果 $N(u)$ 具有比 u 邻居的所有邻域 $N(v)$ 更低的电导，则节点 u 的邻域 $N(u)$ 是局部最小的。局部最小邻域已被证明是社区发现方法的良好初始化。最后，整体模型可能性是网络可能性 L_G 与节点属性 L_X 可能性的组合。由于两种可能性可能具有非常不同的范围，因此使用参数 α 来缩放它们。引入了一个超参数 α 来控制两个可能性之间的比例：

$$\underset{\boldsymbol{F}\geqslant 0,\boldsymbol{W}}{\arg\max}(1-\alpha)L_G+\alpha L_X-\lambda||\boldsymbol{W}||_1 \tag{3.66}$$

通过交叉验证在 $\alpha\in\{0.25,0.5,0.75\}$ 和 $\lambda\in\{0.1,1.0\}$ 中选择超参数 α 和 λ 的值。注意到，CESNA 的性能与超参数的值没有太大变化。设定 $\alpha=0.5$ 和 $\lambda=1$ 在大多数情况下可以给出可靠的性能。

3.4 本章小结

本章主要从基于模块度优化的社区发现方法、基于聚类的社区发现方法和其他社区发现方法三个角度分别对经典的社区发现方法进行了解释说明，并对每类方法的代表方法进行了详细分析与阐述。

参考文献

[1] NEWMAN M E J. Fast algorithm for detecting community structure in networks[J]. Physical Review E, 2004, 69(6): 066133.

[2] BRANDE S U, DELLING D, GAERTLE M, et al. On modularity clustering[J]. IEEE Transactions on Knowledge and Data Engineering, 2007, 20(2): 172-188.

[3] FORTUNATO S. Community detection in graphs[J]. Physics Reports, 2010, 486(3-5): 75-174.

[4] NEWMAN M E J. Modularity and community structure in networks[J]. Proceedings of the National Academy of Sciences, 2006, 103(23): 8577-8582.

[5] NEWMAN M E J. Finding community structure in networks using the eigenvectors of matrices[J]. Physical Review E, 2006, 74(3): 036104.

[6] YU G, DEHMER M, EMMERT-STREIB F, et al. Hermitian normalized laplacian matrix for directed networks[J]. Information Sciences, 2019, 495: 175-184.

[7] VAN LIERDE H, CHOW T W S, CHEN G. Scalable spectral clustering for overlapping community detection in large-scale networks[J]. IEEE Transactions on Knowledge and Data Engineering, 2019, 32(4): 754-767.

[8] JIA H, DING S, MA H, et al. Spectral clustering with neighborhood attribute reduction based on information entropy[J]. Journal of Computers, 2014, 9(6): 1316-1324.

[9] 李青青, 马慧芳, 吴玉泽, 等. 面向属性网络的可重叠多向谱社区检测算法[J]. 计算机工程与科学, 2020, 42(6): 984-992.

[10] 蒋盛益，杨博泓，王连喜. 一种基于增量式谱聚类的动态社区自适应发现算法[J]. 自动化学报, 2015, 41(12): 2017-2025.

[11] 贾洪杰，丁世飞，史忠植. 求解大规模谱聚类的近似加权核 k-means 算法[J]. 软件学报, 2015, 26(11): 2836-2846.

[12] ZHANG X, NEWMAN M E J. Multiway spectral community detection in networks[J]. Physical Review E, 2015, 92(5): 052808.

[13] BLONDEL V D, GUILLAUME J L, LAMBIOTTE R, et al. Fast unfolding of communities in large networks[J]. Journal of Statistical Mechanics: Theory and Experiment, 2008, 2008(10): P10008.

[14] WHANG J J, HOU Y, GLEICH D F, et al. Non-exhaustive, overlapping clustering[J]. IEEE Transactions on Pattern Analysis and Machine Intelligence, 2018, 41(11): 2644-2659.
[15] MACQUEEN J. Some methods for classification and analysis of multivariate observations[C]. The 5th Berkeley Symposium on Mathematical Statistics and Probability, Berkeley, USA, 1967, 1(14): 281-297.
[16] SHI J, MALIK J. Normalized cuts and image segmentation[J]. IEEE Transactions on Pattern Analysis and Machine Intelligence, 2000, 22(8): 888-905.
[17] LUO W, YAN Z, BU C, et al. Community detection by fuzzy relations[J]. IEEE Transactions on Emerging Topics in Computing, 2017, 8(2): 478-492.
[18] SUN P G, GAO L, HAN S S. Identification of overlapping and non-overlapping community structure by fuzzy clustering in complex networks[J]. Information Sciences, 2011, 181(6): 1060-1071.
[19] ZACHARY W W. An information flow model for conflict and fission in small groups[J]. Journal of Anthropological Research, 1977, 33(4): 452-473.
[20] KARRER B, NEWMAN M E J. Stochastic block models and community structure in networks[J]. Physical Review E, 2011, 83(1): 016107.
[21] SHEN H W. Community Structure of Complex Networks[M]. Berlin: Springer Science & Business Media, 2013.
[22] NEWMAN M E J, LEICHT E A. Mixture models and exploratory analysis in networks[J]. Proceedings of the National Academy of Sciences, 2007, 104(23): 9564-9569.
[23] SHEN H W, CHENG X Q, GUO J F. Exploring the structural regularities in networks[J]. Physical Review E, 2011, 84(5): 056111.
[24] CHAI B, YU J, JIA C, et al. Combining a popularity-productivity stochastic block model with a discriminative-content model for general structure detection[J]. Physical Review E, 2013, 88(1): 012807.
[25] FIENBERG S E, WASSERMAN S S. Categorical data analysis of single sociometric relations[J]. Sociological Methodology, 1981, 12: 156-192.
[26] SNIJDERS T A B, NOWICKI K. Estimation and prediction for stochastic blockmodels for graphs with latent block structure[J]. Journal of Classification, 1997, 14(1): 75-100.
[27] AIROLDI E M, BLEI D M, FIENBERG S E, et al. Mixed membership stochastic blockmodels[J]. Journal of Machine Learning Research, 2008, 9:1981-2014.
[28] 柴变芳, 于剑, 贾彩燕, 等. 一种基于随机块模型的快速广义社区发现算法[J]. 软件学报, 2013, 24(11): 2699-2709.
[29] YANG J, MCAULEY J, LESKOVEC J. Community detection in networks with node attributes[C]. The 13th International Conference on Data Mining, Dallas, USA, 2013: 1151-1156.

第 4 章　基于深度学习的社区发现方法

经典社区发现模型在采用传统机器学习方法挖掘网络划分结果时，往往会产生高昂的时间成本及计算成本，限制了模型性能。近年来，随着深度学习技术迅猛发展，基于深度学习的社区发现方法层出不穷，深度学习技术的高效性在很大程度上降低了传统社区发现方法的时间成本和计算成本。本章将介绍基于深度学习的社区发现，从基于深度学习知识的概述到两类基于深度学习的社区发现方法。

4.1　深度学习概述

机器学习 (machine learning, ML) 是指从有限的观测数据中学习（或“猜测”）一般性的规律，并将这些规律应用到未观测样本上的方法[1]。传统的机器学习主要关注如何学习一个预测模型，即将数据表示为一组特征 (feature)，并将这些特征输入到预测模型，得到预测结果。这类方法可以看作是浅层学习 (shallow learning, SL)。浅层学习的一个主要局限是模型所需特征主要靠人工经验或特征转换方法来抽取，而不涉及特征学习。

为了提高机器学习系统的准确率，需要将输入信息转换为有效的特征，或者更一般地称为表示 (representation)。为了学习一种好的表示，就需要构建具有一定“深度”的模型，并通过学习算法让模型自动学习出好的特征表示。所谓“深度”是指原始数据进行非线性特征转换的次数，这样就需要一种学习方法可以从数据中学习一个“深度模型”，即深度学习 (deep learning)。深度学习是机器学习的一个子问题，其主要目的是从数据中自动学习到有效的特征表示。

4.1.1　深度学习介绍与常用框架

深度学习是将原始数据通过多层特征转换得到一种特征表示，并进一步输入到预测函数得到最终预测结果。图 4.1 为深度学习的数据处理流程。通过多层特征转换，将原始数据变为更高层次、更抽象的表示。

与浅层学习不同，深度学习需要解决的关键问题是贡献度分配问题 (credit assignment problem, CAP)，即一个系统中不同的组件 (components) 或其参数对系统最终输出结果的贡献或影响。从某种意义上讲，深度学习可以看作是一种强化学习 (reinforcement learning, RL)，每个内部组件并不能直接得到监督信息，需要通过整个模型的最终监督信息（奖励）得到，并且有一定的延时性。

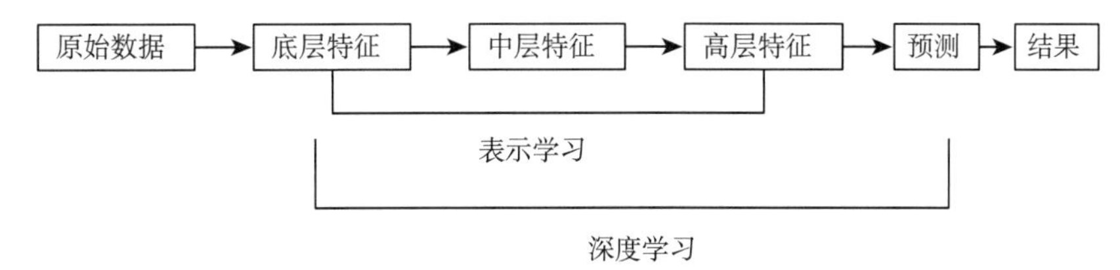

图 4.1　深度学习的数据处理流程

在深度学习中，一般通过误差反向传播算法来学习参数。但是，如果采用手工方式计算梯度效率会非常低，并且容易出错。此外，深度学习模型需要的计算机资源比较多，一般需要在 CPU 和 GPU 之间不断进行切换，开发难度也比较大。因此，一些支持自动梯度计算、无缝 CPU 和 GPU 切换等功能的深度学习框架应运而生。比较有代表性的框架包括 Theano①、Caffe②、TensorFlow③、Chainer④、PyTorch⑤等[1]。此外，还有一些深度学习框架，包括 CNTK⑥、MXNet1⑦和 PaddlePaddle⑧等。在以上这些基础框架之上，还有一些高度模块化的神经网络库，使得构建一个神经网络模型就像搭积木一样容易，其中比较有名的模块化神经网络框架有基于 TensorFlow 和 Theano 的 Keras⑨以及基于 Theano 的 Lasagne⑩。

4.1.2　注意力机制

注意力机制 (attention mechanism) 作为深度学习技术中最值得关注与深入了解的核心技术之一，被广泛应用在自然语言处理、图像识别及语音识别等各种不同类型的深度学习任务中。本小节将简要介绍注意力机制的原理与计算方法。

深度学习中的注意力机制借鉴了人类的注意力思维方式。在面对大量的信息轰炸时，人类会有意或无意地选择小部分的有用信息来重点处理，而忽略一些无用信息。同样，在处理大量的输入信息时，神经网络来也可以借鉴人脑的注意力机制（即注意力模型），只选择一些关键的信息输入进行处理，来提高神经网络的效率。

设 $\boldsymbol{X} = [\boldsymbol{x}_1, \cdots, \boldsymbol{x}_N]$ 表示 N 个输入信息，为了节省计算资源，只需要从 $\boldsymbol{X}$

① https://github.com/Theano/。
② http://caffe.berkeleyvision.org。
③ https://tensorflow.google.cn/。
④ https://chainer.org。
⑤ https://github.com/pytorch/pytorch。
⑥ 全称为 Microsoft Cognitive Toolkit。https://github.com/Microsoft/CNTK。
⑦ https://mxnet.apache.org。
⑧ 全称为 Parallel Distributed Deep Learning。http://paddlepaddle.org/。
⑨ http://keras.io/。
⑩ https://github.com/Lasagne/Lasagne。

中选择一些和任务相关的信息输入神经网络，而不需要将 N 个输入信息都输入到神经网络进行计算。

注意力机制的计算可以分为两步：一是在所有输入信息上计算注意力分布；二是根据注意力分布来计算输入信息的加权平均。

1. 注意力分布

给定查询向量 $\boldsymbol{q}$（查询向量 $\boldsymbol{q}$ 可以是动态生成的，也可以是可学习的参数），用注意力变量 $z \in [1, N]$ 来表示被选择信息的索引位置，即 $z = i$ 表示选择了第 i 个输入信息。为了方便计算，采用软注意力机制 (soft attention mechanism, SAM) 计算在给定 $\boldsymbol{q}$ 和 $\boldsymbol{X}$ 下，选择第 i 个输入信息的概率 α_i。

$$
\begin{aligned}
\alpha_i &= p(z=i|\boldsymbol{X},\boldsymbol{q}) = \mathrm{softmax}(s(\boldsymbol{x}_i,\boldsymbol{q})) \\
&= \frac{\exp(s(\boldsymbol{x}_i,\boldsymbol{q}))}{\sum_{j=1}^{N}\exp(s(\boldsymbol{x}_j,\boldsymbol{q}))}
\end{aligned}
\tag{4.1}
$$

式中，α_i 为注意力分布 (attention distribution)；$s(\boldsymbol{x}_i,\boldsymbol{q})$ 为注意力打分函数，可以使用以下几种方式来计算。

加性模型： $s(\boldsymbol{x}_i,\boldsymbol{q}) = \boldsymbol{v}^{\mathrm{T}}\tanh(\boldsymbol{W}\boldsymbol{x}_i + \boldsymbol{U}\boldsymbol{q})$

点积模型： $s(\boldsymbol{x}_i,\boldsymbol{q}) = \boldsymbol{x}_i^{\mathrm{T}}\boldsymbol{q}$

缩放点积模型： $s(\boldsymbol{x}_i,\boldsymbol{q}) = \dfrac{\boldsymbol{x}_i^{\mathrm{T}}\boldsymbol{q}}{\sqrt{d}}$

双线性模型： $s(\boldsymbol{x}_i,\boldsymbol{q}) = \boldsymbol{x}_i^{\mathrm{T}}\boldsymbol{W}\boldsymbol{q}$

式中，$\boldsymbol{W}$、$\boldsymbol{U}$、$\boldsymbol{v}$ 为可学习的网络参数；d 为输入信息的维度。

2. 加权平均

注意力分布 α_i 可以解释为在给定查询向量 $\boldsymbol{q}$ 时，第 i 个信息受关注的程度。采用软注意力机制对输入信息进行汇总：

$$
\mathrm{att}(\boldsymbol{X},\boldsymbol{q}) = \sum_{i=1}^{N}\alpha_i\boldsymbol{x}_i = E_{z\sim p(z|\boldsymbol{X},\boldsymbol{q})}[\boldsymbol{X}]
\tag{4.2}
$$

图 4.2 为注意力机制示例图。

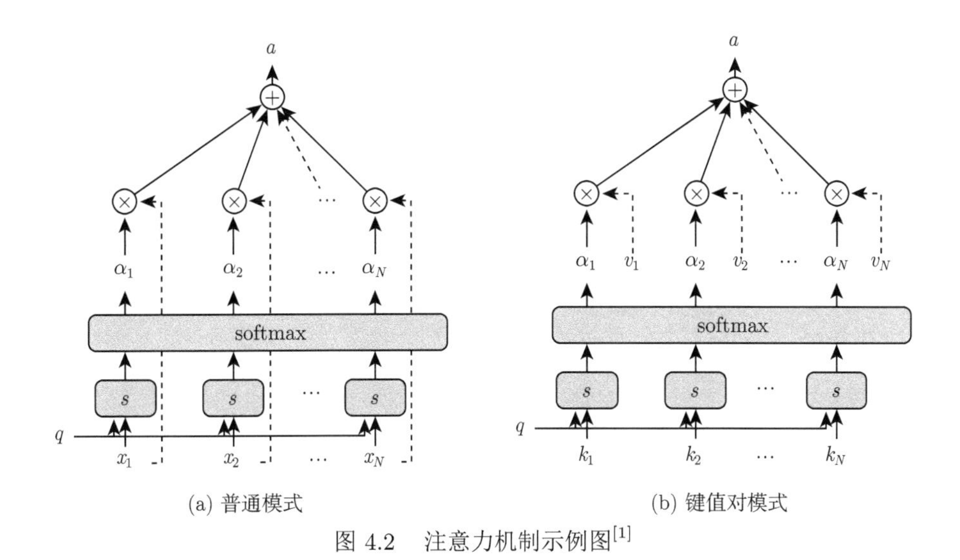

(a) 普通模式　　(b) 键值对模式

图 4.2　注意力机制示例图[1]

4.2　基于深度图嵌入的社区发现方法

图嵌入在将图数据（通常为高维稠密的矩阵）映射为低微稠密向量的过程中，能够很好地解决机器学习算法中图数据难以高效输入的问题。有效的图嵌入方法应该能够捕获图的拓扑结构、节点到节点关系，以及图、子图和节点的其他相关信息。深度图嵌入正是这样一种方法，在将网络中的节点映射到低维向量空间的同时，能够在表示中保存尽可能多的结构信息，适用于如链接预测、节点分类和节点聚类等基于网络分析的机器学习任务。在社区发现任务中，可采用 k-means 等聚类方法发现社区。

4.2.1　面向普通网络的深度图嵌入

Perozzi 等[2]设计了 DeepWalk 算法，首次提出了网络嵌入的思想并将其应用于网络分析中，该方法也是首次将深度学习（无监督特征学习）技术引入网络分析中，通过对随机游走序列进行建模来学习图节点的表示。下面将具体介绍经典的嵌入表示方法 DeepWalk。

1. 符号定义

令 G=(V, E)，其中 V 为网络的节点，$E \subseteq (V \times V)$ 为网络的边。给定一个部分标记的社交网络 $G_L = (V, E, \boldsymbol{X}, \boldsymbol{Y})$，具有属性 $\boldsymbol{X} \in R^{|V|\times S}$，其中 S 为每个属性向量的特征空间的维度，$\boldsymbol{Y} \in R^{|V|\times|V|}$ 为标签集。目标是学习顶点表示 $\boldsymbol{X}_E \in R^{|V|\times d}$，其中 d 为较小的潜在维数。

2. 随机游走

将以节点 v_i 为初始节点的随机游走表示为 W_{vi}，它是具有随机变量 W_{vi}^1，$W_{vi}^2, \cdots, W_{vi}^k$ 的随机过程，使得 W_{vi}^{k+1} 是从节点 v_k 的邻居中随机选择的一个节点。随机游走已被用作内容推荐和社区发现[1]中各种问题的相似性度量，除了可以捕获社区信息之外，使用随机游走作为算法的基础还具备两个优势：首先，局部探索很容易并行化，几个随机游走者（在不同的线程，进程或机器中）可以同时浏览同一图的不同部分；其次，依靠从短距离随机游走中获得的信息，可以适应图结构中的细微变化，且无须全局重新计算。

3. 语言建模

语言建模的目标是估计特定单词序列在语料库中出现的可能性。更正式地说，给定一个单词序列：

$$W_1^n = (w_0, w_1, \cdots, w_n) \tag{4.3}$$

在 $w_i \in V$（V 为词汇表）的情况下，希望在所有训练语料上最大化概率 $\Pr(w_n|w_0, w_1, \cdots, w_{n-1})$。

在使用概率神经网络构建单词一般表示中，提出一种通过一系列短随机游走探索图的语言建模一般化方法，该方法采用特殊语言的简短句子和短语来建模这些游走，并且直接模拟在给定的随机游走中。到目前为止，已访问的所有先前节点的情况下，估计观察节点 v_i 的可能性。

$$\Pr\left(v_i \mid (v_1, v_2, \cdots, v_{i-1})\right) \tag{4.4}$$

该任务的目标是学习潜在的表示形式，而不仅仅是节点共现的概率分布，因此引入一个映射函数 $\boldsymbol{\Phi}: v \in V \rightarrow \mathbb{R}^{|V| \times d}$，该映射表示图中每个节点 v 相关的潜在社交表示（在实践中，用一个自由参数的 $|V| \times d$ 矩阵表示，该矩阵稍后将用作 $\boldsymbol{X}_E$）。那么，任务是要估计可能性：

$$\Pr\left(v_i \mid \left(\boldsymbol{\Phi}\left(v_1\right), \boldsymbol{\Phi}\left(v_2\right), \cdots, \boldsymbol{\Phi}\left(v_{i-1}\right)\right)\right) \tag{4.5}$$

然而，随着步行长度的增加，计算该目标函数变得不可行。语言建模的经典方法使得该问题得以解决。首先，它不是使用上下文来预测缺失的单词，而是使用一个单词来预测上下文。其次，上下文由出现在给定单词右侧和左侧的单词组成。最后，它消除了对该问题的排序约束，取而代之的是需要模型来最大化任意单词在上下文中出现的概率，而无须从给定单词知道它的集合。

在节点表示建模时产生了优化问题：

$$\min_{\boldsymbol{\Phi}} \text{mize} - \log_2 \Pr\left(\{v_{i-w}, \cdots, v_{i-1}, v_{i+1}, \cdots, v_{i+w}\} \mid \boldsymbol{\Phi}\left(v_i\right)\right) \tag{4.6}$$

4. DeepWalk 算法

与在任何语言建模算法中一样，需要的输入是一个语料库和一个词汇表 V。DeepWalk 算法 (算法 4.1) 认为一组短的截断随机游走是它自己的语料库，而图节点就是它自己的词汇表（$V = V$）。尽管有必要在训练之前知道随机游走的节点 V 和频率分布，但算法不一定要执行。该算法包括两个主要部分，随机游走生成器，更新过程。

算法 4.1 DeepWalk(G, w, d, γ, t)

输入： 图 $G(V, E)$，窗口大小 w，嵌入大小 d，随机游走步数 γ，行走长度 t
输出： 节点表示 $\boldsymbol{\Phi} \in \mathbb{R}^{|V| \times d}$
1：初始化：从 $\boldsymbol{u} \in \mathbb{R}^{|V| \times d}$ 采样 $\boldsymbol{\Phi}$
2：从 V 中建立一个二叉树 T
3：**for** $i = 0$ to γ **do:**
4：　　$O = \text{Shuffle}(V)$
5：　　**for each** $v_i \in O$ **do:**
6：　　　　$W_{vi} = \text{RandomWalk}(\text{G}, v_i, t)$
7：　　　　$\text{SkipGram}(\boldsymbol{\Phi}, \boldsymbol{W}_{v_i}, w)$
8：　　**end for**
9：**end for**

随机游走生成器采用图 G 并统一采样随机顶点 v_i 作为随机游走 $\boldsymbol{W}_{vi}$ 的根。步行均匀地从访问的最后一个顶点的邻居开始采样，直到达到最大长度 t。虽然将实验中随机游走的长度设置为固定，但对于随机游走的长度没有限制。这些步行可能会重新开始（即回到根节点的概率）。在实践中，实现指定的从每个节点开始的多个长度为 t 的随机游走。

算法 4.1 中的第 3~9 行显示了算法的核心部分。外循环指定了次数，在每个节点处开始随机游走，每次迭代都是对数据进行“遍历”，并在此遍历中对每个节点进行一次遍历。在每次节点开始游走时都会生成一个随机排序以遍历节点，可以加快随机梯度下降的收敛速度。

在内部循环中，遍历图中的所有节点。对于每个节点 v_i，生成一个随机游走 $|W_{vi}| = t$，然后使用它来更新表示（算法 4.1 中第 7 行）。根据式 (4.6) 中的目标函数，使用 SkipGram 算法更新这些表示。

5. SkipGram 算法

SkipGram 是一种语言模型，可最大化出现在窗口 w 句子中的单词之间的共现概率[3]。算法 4.2 迭代出现在窗口 w（第 1、2 行）的随机游走中所有可能的情况。对于每个节点，将节点 v_j 映射到其当前表示向量 $\boldsymbol{\Phi}(v_j) \in \mathbb{R}^d$。给定 v_j 的表示形式，最大化其在游走中的邻居的概率（算法 4.2 第 3 行）。可以使用几种分类器来学习这种后验分布。为了加快训练时间，可以使用层次 softmax 近似概率分布。

算法 4.2 SkipGram($\boldsymbol{\Phi}, W_{v_i}, w$)

1：**for each** $v_j \in W_{vi}$ **do:**
2：　　**for each** $u_k \in W_{v_i}[j-w:j+w]$ **do:**
3：　　　　$J(\Phi) = -\log_2 \Pr(u_k | \boldsymbol{\Phi}(v_i))$
4：　　　　$\Phi = \Phi - a * \dfrac{\partial J}{\partial \Phi}$
5：　　**end for**
6：**end for**

6. *层次* softmax

大型网络中给定 $u_k \in V$，在算法 4.2 第 3 行中计算 $\Pr(u_k | \boldsymbol{\Phi}(v_i))$ 是不可行的。如果将节点分配给二叉树的叶子，则预测问题将变成最大化树中特定路径的概率。如果到节点 u_k 的路径由一系列树节点 $(b_0, b_1, \cdots, b_{\lceil \log_2 |V| \rceil})$ 标识，$(b_0 = \text{root}, b_{\lceil \log_2 |V| \rceil} = u_k)$，则

$$\Pr(u_k \mid \boldsymbol{\Phi}(v_j)) = \prod_{l=1}^{\lceil \log_2 |V| \rceil} \Pr(b_l \mid \boldsymbol{\Phi}(v_j)) \tag{4.7}$$

现在，$\Pr(b_l \mid \boldsymbol{\Phi}(v_j))$ 可以由分配给节点 b_l 的父级的二进制分类器建模，降低了从 $O(|V|)$ 到 $O(\log_2 |V|)$ 计算 $\Pr(u_k \mid \boldsymbol{\Phi}(v_j))$ 的复杂度。通过为随机行走中频繁节点分配较短的路径，可以进一步加快训练过程。人工编码用于减少树中频繁元素的访问时间。

模型参数集为 $\{\boldsymbol{\Phi}, T\}$,可用随机梯度下降 (stochastic gradient descent, SGD)[4] 优化这些参数（算法 4.2 第 4 行）。

4.2.2 面向属性网络的深度图嵌入

大多数现有网络嵌入方法主要集中在普通网络上，并且在学习节点表示时仅关注链接，而忽略了节点的属性信息，很大程度上限制了模型的性能。基于上述观点，Gao 等[5]提出了一种新颖的深度属性网络嵌入 (deep attributed network embedding, DANE) 方法。该深度模型用来捕获拓扑结构和属性中潜在的高阶非线性，并且可以强制学习到节点表示，以保留原始网络中的一阶和高阶近似。

1. 问题定义

令 $G = (\boldsymbol{E}, \boldsymbol{Z})$ 表示具有 n 个节点的属性网络，其中 $\boldsymbol{E} = [E_{ij}] \in \mathbb{R}^{n \times n}$ 是邻接矩阵，而 $\boldsymbol{Z} = [Z_{ij}] \in \mathbb{R}^{n \times m}$ 是属性矩阵。详细地说，如果在第 i 个节点和第 j 个节点之间存在一条边，则 $E_{ij} > 0$；否则，$E_{ij} = 0$。$\boldsymbol{Z}_i \in \mathbb{R}^m$ 是 $\boldsymbol{Z}$ 的第 i 行，表示第 i 个节点的属性。

在给出问题定义之前，首先介绍不同近似的定义。

定义 4.1（一阶近似）　给定网络 $G = (\boldsymbol{E}, \boldsymbol{Z})$。两个节点 i 和 j 的一阶近似由 E_{ij} 确定。具体来说，E_{ij} 越大，表示第 i 个节点与第 j 个节点之间的一阶近似越大。一阶近似表示如果两个节点之间存在链接，则它们相似；否则，它们不相似。

定义 4.2（高阶近似）　给定网络 $G = (\boldsymbol{E}, \boldsymbol{Z})$，两个节点 i 和 j 的高阶近似由 M_i 和 M_j 的相似度确定，其中 $\boldsymbol{M} = \widehat{E} + \widehat{E}^2 + \cdots + \widehat{E}^t$ 是高阶邻接矩阵，$\widehat{E}$ 是从邻接矩阵 $\boldsymbol{E}$ 的行归一化获得的 1 步概率转移矩阵。高阶近似实际上表示邻域相似度，特别是如果两个节点共享相似的邻居，则它们是相似的；否则，它们就不相似。这里的高阶近似可以看作是全局近似。

定义 4.3（语义近似）　给定网络 $G = (\boldsymbol{E}, \boldsymbol{Z})$，两个节点 i 和 j 的语义近似由 $\boldsymbol{Z}_i$ 和 $\boldsymbol{Z}_j$ 的相似度确定。语义近似表示如果两个节点具有相似的属性，则它们是相似的；否则，它们是不相似的。

属性网络嵌入基于邻接矩阵 $\boldsymbol{E}$ 和属性矩阵 $\boldsymbol{Z}$ 来学习每个节点的低维表示，使得学习的表示可以保留拓扑结构和节点属性中存在的邻近性。形式上，目标是学习映射 $f : \{\boldsymbol{E}, \boldsymbol{Z}\} \to \boldsymbol{H}$，其中 $\boldsymbol{H} \in \mathbb{R}^{n \times d}$ 是节点表示，这样 $\boldsymbol{H}$ 可以保留一阶近似、高阶近似和语义近似。然后，可以在学习到的 $\boldsymbol{H}$ 上执行下游任务，如节点分类和链接预测。

2. 高阶非线性模型

图 4.3 为 DANE 的模型体系结构图。该模型体系结构由两个分支构成，第一个分支由多层非线性函数组成，可以捕获高度非线性的网络结构，将输入 $\boldsymbol{M}$ 映射到低维空间；第二个分支是将输入 $\boldsymbol{Z}$ 映射到低维空间以捕获属性中的高阶非线性。

为了捕获高度非线性的结构，图 4.3 中的每个分支都是一个自动编码器。自动编码器是一个功能强大的、用于特性学习的无监督深度模型，已被广泛用于各种机器学习应用。

基本的自动编码器包含三层，分别是输入层、隐藏层和输出层，其定义如下：

$$\boldsymbol{h}_i = \sigma(\boldsymbol{W}^{(1)}\boldsymbol{x}_i + \boldsymbol{b}^{(1)}), \hat{\boldsymbol{x}}_i = \delta(\boldsymbol{W}^{(2)}\boldsymbol{h}_i + \boldsymbol{b}^{(2)}) \tag{4.8}$$

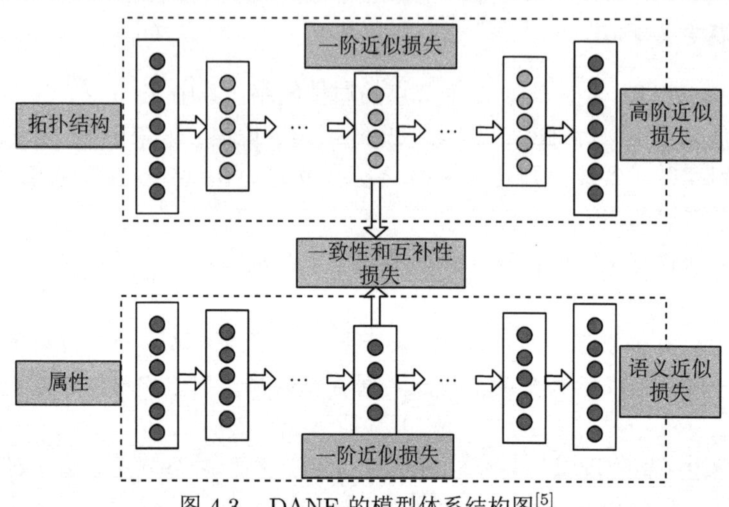

图 4.3　DANE 的模型体系结构图[5]

式中，$\boldsymbol{x}_i \in \mathbb{R}^d$ 为第 i 个输入数据；$\boldsymbol{h}_i \in \mathbb{R}^d$ 为编码器的隐藏表示；$\hat{\boldsymbol{x}}_i \in \mathbb{R}^d$ 为解码器的重构数据点；$\{\boldsymbol{W}^{(1)}, \boldsymbol{W}^{(2)}, \boldsymbol{b}^{(1)}, \boldsymbol{b}^{(2)}\}$ 为模型参数；$\sigma(\cdot)$ 表示非线性激活函数。

可以通过最小化重构误差来学习模型参数：

$$\min_{\theta} \sum_{i=1}^{n} \|\hat{\boldsymbol{x}}_i - \boldsymbol{x}_i\|_2^2 \tag{4.9}$$

为了捕获拓扑结构和属性中的高阶非线性度，图 4.3 中的两个分支在编码器中采用了 K 层，如下所示：

$$\begin{cases} \boldsymbol{h}_i^{(1)} = \sigma(\boldsymbol{W}^{(1)}\boldsymbol{x}_i + \boldsymbol{b}^{(1)}) \\ \cdots \\ \boldsymbol{h}_i^{(K)} = \sigma(\boldsymbol{W}^{(K)}\boldsymbol{h}_i^{(K-1)} + \boldsymbol{b}^{(K)}) \end{cases} \tag{4.10}$$

式中，$\boldsymbol{h}_i^{(K)}$ 为第 i 个节点的低维表示。相应地，解码器中将有 K 层。

图 4.3 中第一个分支的输入是高阶邻接矩阵，用于捕获拓扑结构中的非线性。第二个分支的输入是属性矩阵 $\boldsymbol{Z}$，用于捕获属性中的非线性。在这里，将从拓扑结构和属性两方面学习到的表示用 $\boldsymbol{H}^M$ 和 $\boldsymbol{H}^Z$ 表示。

为了保持语义接近，将编码器的输入 $\boldsymbol{Z}$ 和解码器的输出 $\hat{\boldsymbol{Z}}$ 之间的重构损失最小化：

$$L_s = \sum_{i=1}^{n} \left\| \hat{Z}_{i\cdot} - Z_{i\cdot} \right\|_2^2 \tag{4.11}$$

通过最小化重构损失，可以保留属性的语义近似。同样，为了保留高阶近似，按如下方式将重构损失降至最低：

$$L_h = \sum_{i=1}^{n} \left\| \hat{M}_{i\cdot} - M_{i\cdot} \right\|_2^2 \tag{4.12}$$

具体地，高阶近似 $\boldsymbol{M}$ 表示邻域结构。如果两个节点具有相似的邻域结构，意味着 $M_{i\cdot}$ 和 $M_{j\cdot}$ 相似，则通过使重构损失最小化而学习到的表示 $H_{i\cdot}^M$ 和 $H_{j\cdot}^M$ 也将彼此相似。

如前所述，需要保留捕获局部结构的一阶近似。根据定义 4.1，如果两个节点之间存在边，则两个节点是相似的。因此，为了保持这种近似，最大化似然如下：

$$L_f = \prod_{E_{ij}>0} p_{ij} \tag{4.13}$$

式中，p_{ij} 为第 i 个节点和第 j 个节点之间的联合概率。该方法应该同时保留拓扑结构和属性中的一阶近似，以便在这两种信息之间获得一致的结果。对于拓扑结构，联合概率定义如下：

$$p_{ij}^M = \frac{1}{1+\exp(-H_{i\cdot}^M (H_{j\cdot}^M)^{\mathrm{T}})} \tag{4.14}$$

同样，基于属性的联合概率定义如下：

$$p_{ij}^Z = \frac{1}{1+\exp(-H_{i\cdot}^Z (H_{j\cdot}^Z)^{\mathrm{T}})} \tag{4.15}$$

因此，可以通过最小化对数似然来同时保留拓扑结构和属性中的一阶近似：

$$L_f = -\sum_{E_{ij}>0} \log_2 p_{ij}^M - \sum_{E_{ij}>0} \log_2 p_{ij}^Z \tag{4.16}$$

直接且简单的方法是将表示形式 $\boldsymbol{H}^M$ 和 $\boldsymbol{H}^Z$ 联合起来作为嵌入结果。尽管该方法可以维护两种模态之间的互补信息，但不能保证这两种模态之间的一致性。为了解决该问题，最大化似然估计：

$$L_c = \prod_{i,j}^{n} p_{ij}^{s_{ij}} (1-p_{ij})^{1-s_{ij}} \tag{4.17}$$

式中，p_{ij} 定义如下：

$$p_{ij} = \frac{1}{1+\exp(-H_{i\cdot}^M (H_{j\cdot}^M)^{\mathrm{T}})} \tag{4.18}$$

另外，$s_{ij} \in \{0,1\}$ 表示 $H_{i\cdot}^M$ 和 $H_{j\cdot}^Z$ 是否来自同一节点。详细地，如果 $i=j$，则 $s_{ij}=1$；否则，$s_{ij}=0$。此外，式 (4.17) 等价于最小化负的对数似然函数，如等式 (4.19) 所示：

$$L_c = -\sum_i \left[\log_2 p_{ii} - \sum_{j \neq i} \log_2(1-p_{ij})\right] \tag{4.19}$$

最小化式 (4.19)，一方面，当两个节点来自同一节点时使得 $H_{i\cdot}^M$ 和 $H_{j\cdot}^Z$ 尽可能一致，而当它们来自不同节点时则互相排斥；另一方面，两个节点并不完全相同，因此可以在每个模态中保留补充信息。

但是，式 (4.19) 等号右侧的第二项过于严格。例如，如果两个节点 i 和 j 根据一阶近似相似（链接/边），则表示 $H_{i\cdot}^M$ 和 $H_{j\cdot}^Z$ 也应相似，尽管它们来自不同的节点。因此，放松式 (4.19) 得到：

$$L_c = -\sum_i \left[\log_2 p_{ii} - \sum_{E_{ij}=0} \log_2(1-p_{ij})\right] \tag{4.20}$$

为了保留近似性，并学习一致且互补的表示形式，联合优化了以下目标函数：

$$\begin{aligned} L = &-\sum_{E_{ij}>0} \log_2 p_{ij}^M - \sum_{E_{ij}>0} \log_2 p_{ij}^Z + \sum_{i=1}^n \left\|\hat{M}_{i\cdot} - M_{i\cdot}\right\|_2^2 \\ &+ \sum_{i=1}^n \left\|\hat{Z}_{i\cdot} - Z_{i\cdot}\right\|_2^2 - \sum_i \left[\log_2 p_{ii} - \sum_{E_{ij}=0} \log_2(1-p_{ij})\right] \end{aligned} \tag{4.21}$$

通过最小化此问题，可以获得 $H_{i\cdot}^M$ 和 $H_{j\cdot}^Z$，然后将它们连接为节点的最终低维表示，从而可以从拓扑结构和属性中保留一致且互补的信息。

4.2.3 深度嵌入式图聚类方法

随着深度图嵌入的发展，近年来基于深度嵌入式图聚类方法引起了广泛关注。Wang 等[4]提出了一种目标导向的深度学习方法——深度注意力嵌入式图聚类 (deep attentional embedded graph clustering, DAEGC)。该方法使用注意力网络捕获相邻节点对目标节点的重要性，通过学习图中的拓扑结构和节点属性的表示形式，训练自编码器以重构图结构。下面将具体介绍 DAEGC。

1. 问题定义和框架

本书解决属性图上的聚类问题，一个图可被表示为 $G=(V,E,X)$，其中，$V=\{v_i\}_{i=1,2,\cdots,n}$ 组成节点集，$E=\{e_{ij}\}$ 是边集。图 G 的拓扑结构可被表示为

一个邻接矩阵 $\boldsymbol{A}$，如果 $(v_i, v_j) \in E$，则 $A_{i,j} = 1$；否则 $A_{i,j} = 0$。$\boldsymbol{X} = \{x_1, \cdots, x_n\}$ 是属性值，其中 $x_i \in R^m$ 是节点 v_i 对应的一个实数属性向量。

给定图 G，图聚类目标是将图 G 中节点划分到 k 个不相交的簇 $\{G_1, G_2, \cdots, G_k\}$ 中，并且同一个簇中的节点通常：① 在图结构方面彼此接近，否则彼此远离；② 更可能具有相似的属性值。

DAEGC 框架如图 4.4 所示，给定 $G = (V, E, X)$，DAEGC 通过基于图注意力自动编码器学习隐藏的表示 $\boldsymbol{Z}$，并使用自训练聚类模块对其进行操作，该模块与自动编码器一起进行了优化，并在训练期间进行聚类。

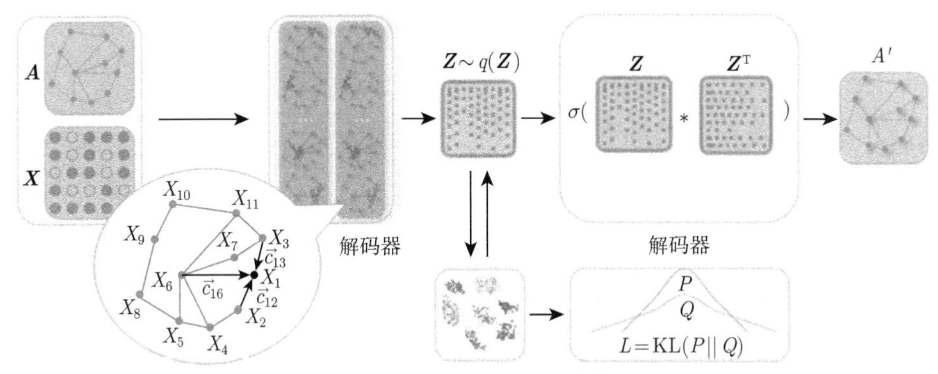

图 4.4　DAEGC 框架[4]

图注意力自动编码器：自动编码器将属性值和图结构作为输入，并通过最小化重构损失来学习潜在的嵌入。

自训练聚类模块：自训练模块基于学习的表示执行聚类，然后根据当前的聚类结果来操纵潜在表示。

在统一的框架中结合学习图的嵌入和执行聚类，使得每个模块都能受益。

2. 图注意力自动编码器

为了在统一框架中表示图结构 $\boldsymbol{A}$ 和节点内容 $\boldsymbol{X}$，提出了图注意力网络的一种变体作为图编码器。这个想法是通过每个节点的邻居来学习每个节点的隐藏表示，将属性值与潜在表示中的图结构结合起来。考虑节点邻居的最直接策略是将其表示形式与所有邻居均等地集成。但是，为了衡量各个邻居的重要性，在分层图注意力策略中，对邻居表示法赋予了不同的权重：

$$z_i^{l+1} = \delta\left(\sum_{j \in N_i} \alpha_{ij} \boldsymbol{W} z_j^l\right) \tag{4.22}$$

式中，z_i^{l+1} 为节点 i 的输出表示；N_i 为节点 i 的邻居；α_{ij} 为注意力系数，表示邻居节点 j 对节点 i 的重要性，并且是一个非线性函数。为了计算注意力系数 α_{ij}，从属性值和拓扑距离两个方面测量了邻居节点 j 的重要性。

从属性值的角度来看，注意力系数 α_{ij} 可以表示为 x_i 和 x_j 与权重向量 $\boldsymbol{a}^{\mathrm{T}} \in \mathbb{R}^{2m'}$ 级联的单层前馈神经网络：

$$c_{ij} = \boldsymbol{a}^{\mathrm{T}} [\boldsymbol{W} x_i || \boldsymbol{W} x_j] \tag{4.23}$$

在拓扑上，目标节点的表示可以通过与其相连的邻居增强。图注意力网络仅考虑一阶邻居节点，为了有效利用高阶邻居信息，在编码器中通过考虑图中的 t 阶邻居节点来获得一个接近矩阵：

$$M = \left(B^1 + B^2 + \cdots + B^t\right) / t \tag{4.24}$$

其中，$\boldsymbol{B}$ 为一个转移矩阵，如果 $e_{ij} \in E$，则 $B_{ij} = 1/d_i$，否则 $B_{ij} = 0$，d_i 是节点 i 的度。因此，M_{ij} 表示节点 j 到节点 i 的拓扑相关性，直至 t 阶。在这种情况下，N_i 表示 $\boldsymbol{M}$ 中节点 i 的邻居节点，即如果 $M_{ij} > 0$，则 j 是 i 的邻居。可以为不同的数据集灵活选择 t，以平衡模型的精度和效率。

通常使用 softmax 函数在所有邻居节点 $j \in N_i$ 上对注意力系数 α_{ij} 进行归一化，以使其在节点之间易于比较：

$$\alpha_{ij} = \operatorname{softmax}(c_{ij}) \frac{\exp c_{ij}}{\sum\limits_{r \in N_i} \exp c_{ir}} \tag{4.25}$$

加上拓扑权重 $\boldsymbol{M}$ 和激活函数 δ(此处使用 LeakyReLU)，系数可以表示为

$$\alpha_{ij} = \frac{\exp\left(\delta M_{ij}\left(\vec{a}^{\mathrm{T}} [\boldsymbol{W} x_i || \boldsymbol{W} x_j]\right)\right)}{\sum\limits_{r \in N_i} \exp\left(\delta M_{ir}\left(\vec{a}^{\mathrm{T}} [\boldsymbol{W} x_i || \boldsymbol{W} x_r]\right)\right)} \tag{4.26}$$

$x_i = z_i^0$ 作为问题的输入，得出两个图注意层：

$$z_i^{(1)} = \delta\left(\sum_{j \in N_i} \alpha_{ij} \boldsymbol{W}^{(0)} x_j\right) \tag{4.27}$$

$$z_i^{(2)} = \delta\left(\sum_{j \in N_i} \alpha_{ij} \boldsymbol{W}^{(1)} z_j^{(1)}\right) \tag{4.28}$$

由此，编码器会将结构和节点属性都编码为隐藏的表示形式，即 $z_i = z_i^{(2)}$。

由于潜在嵌入已经包含了内容和结构信息，因此选择采用简单的内部乘积解码器来预测节点之间的链接，这是高效而灵活的。

$$\hat{A}_{ij} = \text{sigmoid}\left(z_i^{\mathrm{T}} z_j\right) \tag{4.29}$$

其中，$\hat{\boldsymbol{A}}$ 为图的重构结构矩阵。

通过计算 $\boldsymbol{A}$ 和 $\hat{\boldsymbol{A}}$ 之间的差异来最小化重构误差：

$$L_r = \sum_{i=1}^{n} \text{loss}\left(A_{ij}, \hat{A}_{ij}\right) \tag{4.30}$$

3. 自优化嵌入

图聚类方法的主要挑战之一是标签指导的不存在。图聚类任务是无监督的，因此无法获得训练期间关于学习到的嵌入是否得到最佳优化的反馈。为了应对这一挑战，van der Maaten 等[6]提出了一种自优化嵌入算法作为解决方案。

除了优化重构误差外，还将隐藏的嵌入内容输入自优化聚类模块中，最小化以下目标：

$$L_c = \text{KL}(P||Q) \sum_i \sum_u p_{iu} \log_2 \frac{p_{iu}}{q_{iu}} \tag{4.31}$$

式中，q_{iu} 为度量节点嵌入 z_i 和簇中心嵌入 μ_u 之间的相似度。使用学生 t 分布 (student's t-distribution) 对其进行测量，以便处理不同规模的聚类，并且在计算上很方便。

$$q_{iu} = \frac{\left(1 + \|z_i - \mu_u\|^2\right)^{-1}}{\sum_k \left(1 + \|z_i - \mu_u\|^2\right)^{-1}} \tag{4.32}$$

q_{iu} 可以看作是每个节点的软聚类分配分布。p_{iu} 为目标分布，定义为

$$p_{iu} = \frac{q_{iu}^2 \Big/ \sum_i q_{iu}}{\sum_k \left(q_{iu}^2 \Big/ \sum_i q_{iu}\right)} \tag{4.33}$$

高概率的软分配（靠近簇中心的节点）被认为在 Q 中是可信赖的。因此，目标分布 P 将 Q 在式 (4.33) 中提高到二次方，以强调那些“自信分配”的作用。

然后，聚类损失迫使当前分布 Q 接近目标分布 P，从而将这些“自信分配”设置为软标签，以监督 Q 的嵌入学习。

为此，首先训练没有自优化聚类部分的自动编码器，以获得有意义的嵌入 z，如式 (4.28) 所示。其次，执行自优化聚类以改善此嵌入。为了通过式 (4.32) 获得所有节点 Q 的软聚类分配分布，在训练整个模型之前对所有嵌入 z 进行 k 均值聚类，从而获得初始簇中心 μ。

在接下来的训练中，基于 L_c 相对于 μ 和 z 的梯度，使用 SGD 来更新聚类中心 μ 和嵌入 z。根据式 (4.33) 计算目标分布 P，并根据式 (4.31) 计算聚类损失 L_c。

目标分布 P 在训练过程中充当“基准标签”，取决于当前的软分配 Q，该软分配 Q 在每次迭代时都会更新。在每次迭代中用 Q 更新 P 都是危险的，这是因为目标的不断变化会阻碍学习和收敛。为了避免自我优化过程中的不稳定，在实验中每五次迭代更新一次 P。

总而言之，最小化聚类损失帮助自动编码器利用嵌入自身的特征和分散嵌入点来控制嵌入空间，以获得更好的聚类性能。

4. 联合嵌入与聚类的优化

联合优化自动编码器的嵌入和聚类学习，并将总目标函数定义为

$$L = L_r + \gamma L_c \tag{4.34}$$

式中，L_r 和 L_c 分别为重建损失和聚类损失；γ 为控制两者之间平衡的系数，$\gamma \geqslant 0$。值得注意的是，可以直接从最后一次优化的 Q 中获得聚类结果，并且可以通过以下方式获得节点 v_i 的标签估计：

$$s_i = \arg\max_u q_{iu} \tag{4.35}$$

这是最后一次软分配分布 Q 中最可能的分配。

4.3 基于图神经网络的社区发现方法

图神经网络 (graph neural networks, GNNs) 是图挖掘和深度学习技术的融合。众多研究证明，GNNs 能够捕获和建模图数据中的复杂关系，主要聚焦于图嵌入或网络嵌入[7]。

4.3.1 基于深度图神经网络的聚类

深度聚类方法将深度表示学习与聚类目标相结合。例如，Yang 等[7]提出了深度聚类网络，利用 k-means 的损失函数帮助自动编码器学习“k-means 友好”的

数据表示。为了使自动编码器所学习到的表示更接近簇中心，提高簇的内聚性，深度嵌入聚类 (deep embedded clustering, DEC) 还设计了相对熵损失[8]。改进的深度嵌入聚类[9]在聚类目标上增加了重建损失作为约束，以帮助自动编码器学习更好的数据表示。变分深度嵌入能够利用一个深度变分自动编码器对数据生成过程和聚类进行联合建模，从而获得更好的聚类结果[10]。Ji 等[11]提出了深度子空间聚类网络，能够模拟子空间聚类中的“自表达性”性质，从而获得更具表现力的表示。DeepCluster 将聚类结果作为伪标签处理，从而可以应用于大数据集的深层神经网络训练[12]。然而，所有这些方法都只关注于从样本本身学习数据的表示，学习表示中的另一个重要信息，即数据结构，在很大程度上被这些方法所忽略。

为了解决上述问题，Bo 等[13]给出了双重自监督模式下的深度图聚类方法。下面将根据此工作具体介绍结构化深度聚类网络（structural deep clustering network, SDCN）。

1. 总体框架

SDCN 总体框架如图 4.5 所示。设 $\boldsymbol{X}$、$\hat{\boldsymbol{X}}$ 分别为输入数据和重构数据。$\boldsymbol{H}^{(l)}$ 和 $\boldsymbol{Z}^{(l)}$ 分别为在深度神经网络 (deep neural network, DNN) 模块和图卷积网络 (graph convolutional network, GCN) 模块中第 l 层的表示。图 4.5 中，双重自监督模块中的实线表示目标分布 P 由分布 Q 计算，两条虚线表示双重自监督机制。目标分布 P 同时指导 DNN 模块和 GCN 模块的更新。首先，基于原始数据构造一个 k 近邻 (k-nearest neighbor, KNN) 图。其次，将原始数据和 KNN 图分别输入到自动编码器和 GCN 中。将自动编码器的每一层与对应的 GCN 层连接起来，这样就可以通过一个传递算子将自动编码器的特定表示集成到结构感知表示中。同时，提出了一种双重自监督机制来监督自动编码器和 GCN 的训练过程。

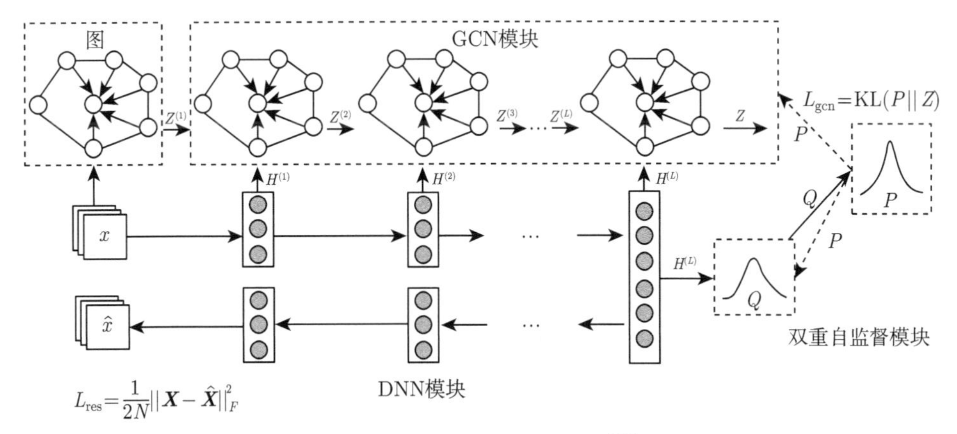

图 4.5　SDCN 总体框架图[13]

2. KNN 图

假设有原始数据 $\boldsymbol{X} \in \mathbb{R}^{N\times d}$，其中每行 $\boldsymbol{x}_i$ 代表第 i 个样本的 d 维表示，N 为样本个数，d 为维数。对于每个样本，首先找到它的 Top-K 相似邻居，并设置边将其与邻居连接起来。计算样本的相似矩阵 $\boldsymbol{S} \in \mathbb{R}^{N\times N}$ 有多种方法。这里列出了两种常用的构造 KNN 图的方法

(1) 热核 (heat kernel)。样本 i 和 j 之间的相似度通过以下公式计算：

$$S_{ij} = \mathrm{e}^{-\frac{\|x_i - x_j\|^2}{t}} \tag{4.36}$$

式中，t 为热传导方程中的时间参数。

(2) 点积 (dot-product)。样本 i 和 j 之间的相似度通过以下公式计算：

$$S_{ij} = \boldsymbol{x}_i^{\mathrm{T}} \boldsymbol{x}_j \tag{4.37}$$

对于离散数据，如词袋 (bag-of-words)，使用点积相似度，这样相似度只与相同单词的数量相关。

在计算相似度矩阵 $\boldsymbol{S}$ 后，选择每个样本的 Top-K 相似度点作为其邻居，构造一个无向 KNN 图。这样，就可以从非图数据中得到邻接矩阵 $\boldsymbol{A}$。

3. DNN 模块

如前所述，学习有效的数据表示对于深度聚类非常重要。为了通用起见，采用自动编码器来学习原始数据的表示，以适应不同类型的数据特点。假设自动编码器有 L 层，其中 l 表示层号。具体地，编码器部分 $\boldsymbol{H}^{(l)}$ 的表示学习如下：

$$\boldsymbol{H}^{(l)} = \phi\left(\boldsymbol{W}_e^{(l)} \boldsymbol{H}^{(l-1)} + \boldsymbol{b}_e^{(l)}\right) \tag{4.38}$$

式中，ϕ 为 Relu 或 Sigmoid 激活函数；$\boldsymbol{W}_e^{(l)}$ 和 $\boldsymbol{b}_e^{(l)}$ 分别为编码器中可学习的权重矩阵和偏置向量。此外，$\boldsymbol{H}^{(0)}$ 被表示为原始数据 $\boldsymbol{X}$。

解码部分通过全连接层来重建输入数据：

$$\boldsymbol{H}^{(l)} = \phi\left(\boldsymbol{W}_d^{(l)} \boldsymbol{H}^{(l-1)} + \boldsymbol{b}_d^{(l)}\right) \tag{4.39}$$

式中，$\boldsymbol{W}_d^{(l)}$ 和 $\boldsymbol{b}_d^{(l)}$ 分别为解码器中第 l 层的权重矩阵和偏置向量。

解码器部分的输出是对原始数据 $\hat{\boldsymbol{X}} = \boldsymbol{H}^{(l)}$ 的重构，其产生以下目标函数：

$$L_{\mathrm{res}} = \frac{1}{2N}\sum_{i=1}^{N} \|\boldsymbol{x}_i - \hat{\boldsymbol{x}}_i\|_2^2 = \frac{1}{2N}\|\boldsymbol{X} - \hat{\boldsymbol{X}}\|_F^2 \tag{4.40}$$

4. GCN 模块

自动编码器能够从数据本身学习有用的表示，如 $\boldsymbol{H}^{(1)}, \boldsymbol{H}^{(2)}, \cdots, \boldsymbol{H}^{(l)}$，而忽略了样本之间的关系。在这部分中，将介绍如何使用 GCN 模块来传播 DNN 模块生成的这些表示。一旦 DNN 模块学习到的所有表示都集成到 GCN 中，那么 GCN 可学习表示能够适应两种不同的信息，即数据本身和数据之间的关系。特别地，使用权重矩阵 $\boldsymbol{W}$，可以通过以下卷积操作获得由 GCN 的第 l 层（$\boldsymbol{Z}^{(l)}$）学习的表示：

$$\boldsymbol{Z}^{(l)} = \phi(\widetilde{\boldsymbol{D}}^{-\frac{1}{2}}\widetilde{\boldsymbol{A}}\widetilde{\boldsymbol{D}}^{-\frac{1}{2}}\boldsymbol{Z}^{(l-1)}\boldsymbol{W}^{(l-1)}) \tag{4.41}$$

式中，$\widetilde{\boldsymbol{A}} = \boldsymbol{A} + \boldsymbol{I}$，$\boldsymbol{I}$ 是单位阵；$\widetilde{D}_{ii} = \sum_j \widetilde{A}_{ii}$。更新后的表示 $\boldsymbol{Z}^{(l)}$ 由 $\boldsymbol{Z}^{(l-1)}$ 通过标准化邻接矩阵 $\widetilde{\boldsymbol{D}}^{-\frac{1}{2}}\widetilde{\boldsymbol{A}}\widetilde{\boldsymbol{D}}^{-\frac{1}{2}}$ 传播获得。考虑到自动编码器 $\boldsymbol{H}^{(l-1)}$ 所学习的表示能够重建数据本身并包含不同的有价值信息，将两种表示 $\boldsymbol{Z}^{(l-1)}$ 和 $\boldsymbol{H}^{(l-1)}$ 组合在一起，得到更完整和更强大的表示，如下所示：

$$\widetilde{\boldsymbol{Z}}^{(l-1)} = (1-\varepsilon)\boldsymbol{Z}^{(l-1)} + \varepsilon\boldsymbol{H}^{(l-1)} \tag{4.42}$$

式中，ε 为一个平衡系数，此处统一设置为 0.5。通过式 (4.42) 可以将自动编码器和 GCN 模块逐层连接起来。

然后，使用 $\widetilde{\boldsymbol{Z}}^{(l-1)}$ 作为 GCN 中第 l 层的输入，生成表示 $\boldsymbol{Z}^{(l)}$：

$$\boldsymbol{Z}^{(l)} = \phi(\widetilde{\boldsymbol{D}}^{-\frac{1}{2}}\widetilde{\boldsymbol{A}}\widetilde{\boldsymbol{D}}^{-\frac{1}{2}}\widetilde{\boldsymbol{Z}}^{(l-1)}\boldsymbol{W}^{(l-1)}) \tag{4.43}$$

正如在式 (4.53) 中看到的，自动编码器特定表示 $\boldsymbol{H}^{(l-1)}$ 将通过标准化邻接矩阵 $\widetilde{\boldsymbol{D}}^{-\frac{1}{2}}\widetilde{\boldsymbol{A}}\widetilde{\boldsymbol{D}}^{-\frac{1}{2}}$ 传播。由于每个 DNN 层学习到的表示不同，为了尽可能地保留信息，将从每个 DNN 层学习到的表示转移到相应的 GCN 层以进行信息传播，如图 4.5 所示，传递操作在整个模型中工作 L 次。

注意，第一层 GCN 的输入是原始数据 $\boldsymbol{X}$：

$$\boldsymbol{Z}^{(1)} = \phi(\boldsymbol{D}^{-\frac{1}{2}}\widetilde{\boldsymbol{A}}\widetilde{\boldsymbol{D}}^{-\frac{1}{2}}\boldsymbol{X}\boldsymbol{W}^{(1)}) \tag{4.44}$$

GCN 模块的最后一层是具有 softmax 功能的多分类层。

$$\boldsymbol{Z} = \mathrm{softmax}(\boldsymbol{D}^{-\frac{1}{2}}\widetilde{\boldsymbol{A}}\boldsymbol{D}^{-\frac{1}{2}}\boldsymbol{Z}^{(L)}\boldsymbol{W}^{(L)}) \tag{4.45}$$

结果，$z_{ij} \in \boldsymbol{Z}$ 表明概率样本 i 属于聚类中心 j，可以将 $\boldsymbol{Z}$ 看作一个概率分布。

5. 双重自监督模块

此部分将介绍一个双重自监督模块，它将自动编码器和 GCN 模块建模在一个统一的框架中，并有效地端到端地训练这两个模块进行聚类。

特别地，对于第 i 个样本和第 j 个簇，使用学生 t 分布[6]作为核来测量数据表示 $\boldsymbol{h}_i$ 和簇中心向量 $\boldsymbol{\mu}_j$ 之间的相似性，如下所示：

$$q_{ij}=\frac{\left(1+\left\|\boldsymbol{h}_i-\boldsymbol{\mu}_j\right\|^2/v\right)^{-\frac{v+1}{2}}}{\sum_j\left(1+\left\|\boldsymbol{h}_i-\boldsymbol{\mu}_j\right\|^2/v\right)^{-\frac{v+1}{2}}} \tag{4.46}$$

式中，$\boldsymbol{h}_i$ 为 $\boldsymbol{H}^{(l)}$ 的第 i 行；$\boldsymbol{\mu}_j$ 通过 k 均值对提前训练自动编码器学习的表示进行初始化；v 为学生 t 分布的自由度。q_{ij} 可以被认为是将样本 i 分配给簇 j 的概率，即软分配。将 $Q=[q_{ij}]$ 作为所有样本分配的分布，并在实验中设 $v=1$。

在得到聚类结果分布 Q 后，目标是通过学习高置信度分配来优化数据表示。具体地，希望使数据表示更接近簇中心，从而提高簇的内聚性。因此，计算目标分布 P 如下：

$$p_{ij}=\frac{q_{ij}^2/f_j}{\sum_{j'}q_{ij'}^2/f_{j'}} \tag{4.47}$$

其中，$f_j=\sum_i q_{ij}$ 是软簇。在目标分布 P 中，Q 中的每个分配都是平方的，并且是标准化的，这样分配就具有更高的置信度，从而得到以下目标函数：

$$L_{\text{clu}}=\text{KL}(P||Q)=\sum_i\sum_j\left(p_{ij}\log_2\frac{p_{ij}}{q_{ij}}\right) \tag{4.48}$$

通过最小化 Q 和 P 分布之间的 KL 损失，目标分布 P 可以帮助 DNN 模块学习更好的聚类任务表示，即使聚类中心周围的数据表示更接近，被认为是一种自监督机制，这是因为目标分布 P 由分布 Q 计算，而分布 P 依次监督分布 Q 的更新。

对于 GCN 模块的训练，一种可能的方法是将聚类分配作为真标签对待[12]。然而，这种策略会带来噪声和琐碎的结果，并导致整个模型的崩溃。如前所述，GCN 模块还将提供一个簇分配分布 $\boldsymbol{Z}$。因此，可以使用分布 P 来监督分布 $\boldsymbol{Z}$，如下所示：

$$L_{\text{gcn}}=\text{KL}(P||\boldsymbol{Z})=\sum_i\sum_j\left(p_{ij}\log_2\frac{p_{ij}}{z_{ij}}\right) \tag{4.49}$$

目标函数有两个优点：① 与传统的多分类损失函数相比，KL 散度以更“温和”的方式更新整个模型，以防止数据表示受到严重干扰；② GCN 模块和 DNN 模块都统一在同一优化目标中，使得它们的结果趋向于在训练过程中保持一致。由于 DNN 模块和 GCN 模块的目标是逼近目标分布 P，这两个模块之间有很强的联系，称为双重自监督机制。

通过双重自监督机制，SDCN 可以将聚类目标和分类目标直接集中在一个损失函数中。因此，SDCN 的整体损失函数为

$$L = L_{\text{res}} + \alpha L_{\text{clu}} + \beta L_{\text{gcn}} \tag{4.50}$$

式中，α 为平衡原始数据聚类优化和局部结构保存的超参数，$\alpha > 0$；β 为控制 GCN 模块对嵌入空间干扰的系数，$\beta > 0$。

在实践中，经过训练，直至达到最大阶段，SDCN 将得到一个稳定的结果。然后，可以将标签设置为样本，选择分布 Z 中的软分配作为最终的聚类结果，这是因为 GCN 所学习的表示包含两种不同的信息。分配给样本 i 的标签为

$$r_i = \arg\max_j z_{ij} \tag{4.51}$$

其中，z_{ij} 可由式 (4.45) 计算所得。

4.3.2　联合社区发现和节点表示学习的生成模型

Sun 等[14]提出一种联合社区发现和节点表示学习的新型概率生成模型，称为 vGraph。vGraph 方法主要关注图分析的两个基本任务：社区发现和节点表示学习，它们分别捕获图的全局结构和局部结构。下面将具体介绍基于节点表示的社区发现算法。

1. vGraph

vGraph 假设每个节点 v 可以表示为多个社区的混合，并由社区 z 上的多项式分布描述，即 $p(z|v)$。同时，将每个社区 z 建模为节点 v 上的分布，即 $p(v|z)$。vGraph 对为每个节点生成邻居的过程进行建模。给定一个节点 u，首先从 $p(z|u)$ 绘制一个社区分配 z，表明该节点将要与哪个社区进行交互。给定社区分配 z，通过根据社区分布 $p(v|z)$ 绘制另一个节点 v 来生成边 (u,v)。分布 $p(z|u)$ 和 $p(v|z)$ 均由节点和社区的低维表示来参数化。结果表明，这种方法允许节点表示和社区以互惠互利的方式进行交互。此外，设计了一种非常有效的反向传播推理算法，使用变分推理来最大化数据似然的下限，由于社区成员变量是离散的，因此利用了 Gumbel-Softmax[15] 技巧。受现有谱聚类方法的启发[16]，在变分推理过程的目标

函数中添加了平滑正则项，以确保相邻节点的社区成员相似。vGraph 的整个框架非常灵活和通用，可以轻松扩展以检测层次社区。

vGraph 对节点邻居的生成进行建模，假定每个节点可以属于多个社区。对于每个节点，将根据社区上下文生成不同的邻居。基于上述直觉，为每个节点 w 引入先验分布 $p(z|w)$，为每个社区 z 引入节点分布 $p(c|z)$。每个边（w, c）的生成过程可以描述如下：对于节点 w，首先绘制一个社区分配 $z \sim p(z|w)$，表示在生成过程中 w 的社交上下文。然后，基于分配 z 到 $c \sim p(c|z)$ 生成链接的邻居 c。正式地，生成过程可以用概率的方式表述：

$$p(c|w) = \sum_{z} [p(c|z)p(z|w)] \tag{4.52}$$

vGraph 通过引入一组节点嵌入和社区嵌入来参数化分布 $p(z|w)$ 和 $p(c|z)$。请注意，节点嵌入的不同集合用于参数化两个分布。具体而言，设 $\boldsymbol{\phi}_i$ 表示在分布 $p(z|w)$ 中使用的节点 i 的嵌入，$\boldsymbol{\varphi}_i$ 表示在 $p(c|z)$ 中使用的节点 i 的嵌入，而 $\boldsymbol{\psi}_j$ 表示第 j 个社区的嵌入。先验分布 $p_{\boldsymbol{\phi},\boldsymbol{\varphi}}(z \mid w)$ 和以社区 $p_{\boldsymbol{\psi},\boldsymbol{\varphi}}(c \mid z)$ 为条件的节点分布由两个 softmax 模型参数化：

$$p_{\boldsymbol{\phi},\boldsymbol{\varphi}}(z = j \mid w) = \frac{\exp\left(\boldsymbol{\phi}_w^{\mathrm{T}} \boldsymbol{\psi}_j\right)}{\sum\limits_{i=1}^{K} \exp\left(\boldsymbol{\phi}_w^{\mathrm{T}} \boldsymbol{\psi}_i\right)} \tag{4.53}$$

$$p_{\boldsymbol{\phi},\boldsymbol{\varphi}}(c \mid z = j) = \frac{\exp\left(\boldsymbol{\psi}_j^{\mathrm{T}} \boldsymbol{\varphi}_c\right)}{\sum\limits_{c' \in V} \exp\left(\boldsymbol{\psi}_j^{\mathrm{T}} \boldsymbol{\varphi}_{c'}\right)} \tag{4.54}$$

计算式 (4.54) 可能代价高昂，因为它需要对所有节点求和。因此，对于大型数据集，可以使用以下目标函数，如 LINE 所述采用负采样[17]：

$$\log_2\left(\boldsymbol{\varphi}_c^{\mathrm{T}} \cdot \boldsymbol{\psi}_j\right) + \sum_{i=1}^{K} E_{v \sim P_n(v)}\left[\log_2 \sigma\left(-\boldsymbol{\varphi}_v^{\mathrm{T}} \cdot \boldsymbol{\psi}_j\right)\right] \tag{4.55}$$

式中，$\sigma(x) = 1/[1 + \exp(-x)]$；$P_n(v)$ 为噪声分布；K 为负样本数。结合随机优化，可以使模型具有可扩展性。

为了学习 vGraph 的参数，尝试最大化观察到边的对数似然性，即 $\log_2 p_{\boldsymbol{\phi},\boldsymbol{\psi},\boldsymbol{\varphi}}(c \mid w)$。由于直接优化此目标对于大型图来说难以解决，因此改为优化以下证据下界 (evidence lower bound, ELBO)[18]：

$$L = E_{z \sim q(z|c,w)}\left[\log_2 p_{\boldsymbol{\psi},\boldsymbol{\varphi}}(c \mid z)\right] - \mathrm{KL}\left(q(z \mid c, w) || p_{\boldsymbol{\phi},\boldsymbol{\psi}}(z \mid w)\right) \tag{4.56}$$

式中，$q(z|c,w)$ 为近似真实后验分布 $p(z|c,w)$ 的变分分布；$\mathrm{KL}(\cdot||\cdot)$ 为两个分布之间的 KL 散度。

具体地，使用神经网络对变分分布 $q(z|c,w)$ 进行参数化，如下所示：

$$q_{\boldsymbol{\phi},\boldsymbol{\psi}}(z=j\mid w,c)=\frac{\exp\left((\boldsymbol{\phi}_w\odot\boldsymbol{\phi}_c)^{\mathrm{T}}\boldsymbol{\psi}_j\right)}{\sum_{i=1}^{K}\exp\left((\boldsymbol{\phi}_w\odot\boldsymbol{\phi}_c)^{\mathrm{T}}\boldsymbol{\psi}_i\right)}\frac{\exp\left(\boldsymbol{\psi}_j^{\mathrm{T}}\boldsymbol{\varphi}_c\right)}{\sum_{c'\in V}\exp\left(\boldsymbol{\psi}_j^{\mathrm{T}}\boldsymbol{\varphi}_{c'}\right)} \tag{4.57}$$

其中，$\odot$ 表示逐元素乘法。选择逐元素乘法，因为它是对称的，并且它迫使边的表示依赖于两个节点。

变分分布 $q(z|c,w)$ 表示边（w,c）的社区成员。基于此，可以通过汇总其所有邻居来轻松估算每个节点 w 的社区成员分布，即 $p(z|w)$。

$$p(z\mid w)=\sum_c p(z,c\mid w)=\sum_c[p(z\mid w,c)p(c\mid w)]\approx\frac{1}{|N(w)|}\sum_{c\in N(w)}q(z\mid w,c) \tag{4.58}$$

式中，$N(w)$ 为节点 w 的邻居集合。要推断非重叠社区，可以简单地取 $p(z|w)$ 的 $\arg\max$。但是，与 Jia 等[19]对 $p(z|w)$ 进行阈值化不同，检测重叠社区使用式 (4.59) 计算边分配情况：

$$F(w)=\{\arg\max_k q(z=k\mid w,c)_{c\in N(w)}\} \tag{4.59}$$

也就是说，将每条边分配给一个社区，然后通过收集每条边社区内所有边的节点，将边社区映射到节点社区。

2. 正则化社区平滑性

社区可以定义为一组节点，它们之间的相似性高于组外节点的相似性。对于非属性图，如果两个节点连接且共享相似的邻居，则它们是相似的。但是，vGraph 不会以这种方式显式加权局部连接。为了解决这个问题，受现有谱聚类研究的启发[16]，用平滑正则项扩展训练目标，该项鼓励所学习的链接节点的社区分布相似。正式地，正则项的形式如下：

$$L_{\mathrm{reg}}=\lambda\sum_{(w,c)\in\varepsilon}\alpha_{w,c}\cdot d(p(z|c),p(z|w)) \tag{4.60}$$

式中，λ 为可调超参数；$\alpha_{w,c}$ 为正则化权重；$d(\cdot,\cdot)$ 为两个分布之间的距离（在实验中为平方差）。根据文献 [20]，将 $\alpha_{w,c}$ 设置为节点 w 和 c 的 Jaccard 系数，其

公式为

$$\alpha_{w,c} = \frac{|N(w) \cap N(c)|}{|N(w) \cup N(c)|} \tag{4.61}$$

式中，$N(w)$ 为 w 的邻居集合。直觉是 $\alpha_{w,c}$ 用作两个节点之间邻居的相似程度的相似性度量。Jaccard 系数用于此度量标准，因此 Jaccard 系数越高，越鼓励两个节点在社区中具有相似分布。

通过结合证据下界和平滑正则项，旨在最小化整个损失函数：

$$L_{\text{reg}} = -E_{z\sim q_{\boldsymbol{\phi},\boldsymbol{\psi}}(z|c,w)}\left[\log_2 p_{\boldsymbol{\phi},\boldsymbol{\psi}}(c \mid z)\right] + \text{KL}\left(q_{\boldsymbol{\phi},\boldsymbol{\psi}}(z \mid c, w)||p_{\boldsymbol{\phi},\boldsymbol{\psi}}(z \mid w)\right) + L_{\text{reg}} \tag{4.62}$$

对于大规模数据集，负采样可只使用式 (4.62) 中等号右侧第一项。

3. DNN 模块

vGraph 框架的优势之一是它非常通用，可以自然扩展到检测层次结构社区。在这种情况下，假设得到了 d 层树，并且每个节点都与一个社区相关联，则社区分配可以表示为 d 维路径向量 $\boldsymbol{z} = \left(z^{(1)}, z^{(2)}, \cdots, z^{(d)}\right)$，如图 4.6 所示，$\boldsymbol{\phi}_n$ 为节点 w_n 的嵌入，$\boldsymbol{\psi}$ 为社区的嵌入，$\boldsymbol{\varphi}$ 为 $p(c|z)$ 中使用的节点的嵌入。生成过程：① 从先验分布 $P_{\boldsymbol{\phi},\boldsymbol{\psi}}(\boldsymbol{z} \mid w)$ 采样树路径 $\boldsymbol{z}$；② 使用 $P_{\boldsymbol{\phi},\boldsymbol{\psi}}(c \mid z)$ 从 $\boldsymbol{z}$ 解码上下文 c。在此模型下，网络的可能性为

$$P_{\boldsymbol{\phi},\boldsymbol{\varphi},\boldsymbol{\psi}}(c \mid w) = \sum_{z} P_{\boldsymbol{\phi},\boldsymbol{\psi}}(c \mid \boldsymbol{z}) P_{\boldsymbol{\phi},\boldsymbol{\psi}}(\boldsymbol{z} \mid w) \tag{4.63}$$

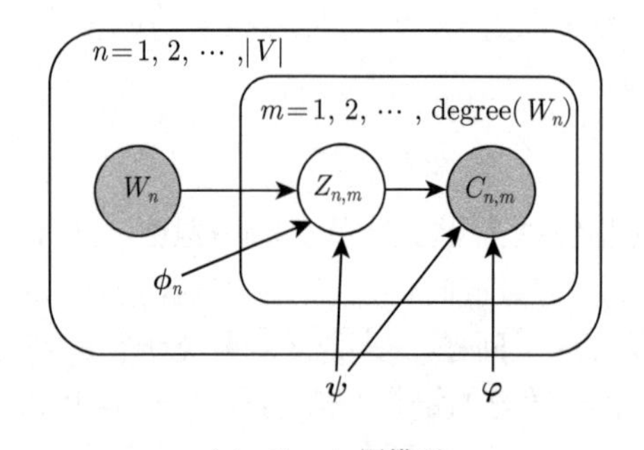

(a) vGraph 图模型

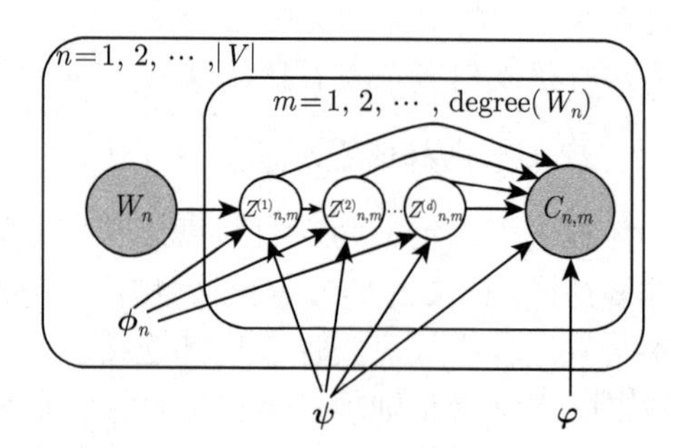

(b) 层次 vGraph 图模型

图 4.6　两种图模型的示意图

在树的每个节点上，都有一个与社区关联的嵌入向量。这种方法类似于语言模型中使用的分层 softmax 参数化[21]。图 4.6 为两种图模型的示意图，图 4.6(a) 代表 vGraph 图模型，图 4.6(b) 代表层次 vGraph 图模型[6]。

4.4 本章小结

本章主要介绍了基于深度学习的社区发现方法，从深度学习基本概念及常用的深度学习框架简单介绍深度学习研究方法，分别从基于深度图嵌入和基于图神经网络的社区发现方法两个角度阐述了当下基于深度学习的社区发现研究算法，为研究者提供了可供参考的知识综述。

参 考 文 献

[1] 邱锡鹏. 神经网络与深度学习[M]. 北京: 机械工业出版社, 2020.

[2] PEROZZI B, AL-RFOU R, SKIENA S. DeepWalk: Online learning of social representations[C]. The 20th ACM SIGKDD International Conference on Knowledge Discovery and Data Mining, New York, USA, 2014: 701-710.

[3] MIKOLOV T, SUTSKEVER I, CHEN K, et al. Distributed representations of words and phrases and their compositionality[C]. Advances in Neural Information Processing Systems 26: 27th Annual Conference on Neural Information Processing Systems 2013, Nevada, USA, 2013: 3111-3119.

[4] WANG C, PAN S, HU R, et al. Attributed graph clustering: A deep attentional embedding approach[C]. Proceedings of the 28th International Joint Conference on Artificial Intelligence, Macao, China, 2019: 3670-3676.

[5] GAO H, HUANG H. Deep attributed network embedding[C]. Proceedings of the 27th International Joint Conference on Artificial Intelligence, Stockholm, Sweden, 2018: 3364-3370.

[6] VAN DER MAATEN L, HINTON G. Visualizing data using t-SNE[J]. Journal of Machine Learning Research, 2008, 9(11): 2579-2605.

[7] YANG B, FU X, SIDIROPOULOS N, et al. Towards k-means-friendly spaces: Simultaneous deep learning and clustering[C]. Proceedings of the 34th International Conference on Machine Learning, Sydney, Australia, 2017: 3861-3870.

[8] XIE J, GIRSHICK R, FARHADI A. Unsupervised deep embedding for clustering analysis[C]. Proceedings of the 33nd International Conference on Machine Learning, New York, USA, 2016: 478-487.

[9] GUO X, GAO L, LIU X, et al. Improved deep embedded clustering with local structure preservation[C]. Proceedings of the 26th International Joint Conference on Artificial Intelligence, Melbourne, Australia, 2017: 1753-1759.

[10] JIANG Z, ZHENG Y, TAN H, et al. Variational deep embedding: An unsupervised and generative approach to clustering[C]. Proceedings of the 26th International Joint Conference on Artificial Intelligence, Melbourne, Australia, 2017: 1965-1972.

[11] JI P, ZHANG T, LI H, et al. Deep subspace clustering networks[C]. Advances in Neural Information Processing Systems 30: Annual Conference on Neural Information Processing Systems 2017, Long Beach, USA, 2017: 24-33.

[12] CARON M, BOJANOWSKI P, JOULIN A, et al. Deep clustering for unsupervised learning of visual features[C]. The 16th European Conference on Computer Vision, Munich, Germany, 2018: 132-149.

[13] BO D, WANG X, SHI C, et al. Structural deep clustering network[C]. The Web Conference 2020, Taipei, China, 2020: 1400-1410.

[14] SUN F, QU M, HOFFMANN J, et al. vGraph: A generative model for joint community detection and node representation learning[C]. Advances in Neural Information Processing Systems 32: Annual Conference on Neural Information Processing Systems 2019, Vancouver, Canada, 2019: 512-522.

[15] JANG E, GU S, POOLE B. Categorical reparameterization with Gumbel-Softmax[C]. The 5th International Conference on Learning Representations, Toulon, France, 2017: 1-12.

[16] DONG X, FROSSARD P, VANDERGHEYNST P, et al. Clustering with multi-layer graphs: A spectral perspective[J]. IEEE Transactions on Signal Processing, 2012, 60(11): 5820-5831.
[17] TANG J, QU M, WANG M, et al. LINE: Large-scale information network embedding[C]. Proceedings of the 24th International Conference on World Wide Web, Florence, Italy, 2015: 1067-1077.
[18] KINGMA D, WELLING M. Auto-encoding variational bayes[C]. The 2nd International Conference on Learning Representations, Banff, Canada, 2014: 1-14.
[19] JIA Y, ZHANG Q, ZHANG W, et al. CommunityGAN: Community detection with generative adversarial nets[C]. The World Wide Web Conference, San Francisco, USA, 2019: 784-794.
[20] ROZEMBERCZKI B, DAVIES R, SARKAR R, et al. GEMSEC: Graph embedding with self clustering[C]. Proceedings of the 2019 IEEE/ACM International Conference on Advances in Social Networks Analysis and Mining, Vancouver, Canada, 2019: 65-72.
[21] MORIN F, BENGIO Y. Hierarchical probabilistic neural network language model[C]. The 10th International Workshop on Artificial Intelligence and Statistics, Bridgetown, Barbados, 2005: 246.

第 5 章　拓扑图上的社区搜索方法

社区发现聚焦于划分整个网络以获取所有社区，而现实中许多应用场景却更倾向于面向用户定制“个性化”与“私有的”社区，即基于用户给定的种子节点（后称查询节点或样例节点）搜索与其相关性较高的特定社区，其本质是局部社区发现。社区搜索与社区发现有类似目标，但具有以下三个关键不同：一是问题定义不同，社区搜索的目标是搜索与一组查询节点和查询参数高度相关的社区，而社区发现需要检测图中所有社区；二是社区标准定义不同，社区搜索定义社区需要基于用户给定的查询参数，社区发现方法则通常使用相同的全局标准分割整个图；三是算法不同，社区搜索能够以在线方式准确地搜索社区，而社区发现解决方案通常耗时且无法扩展到大型图。此外，社区搜索查询通常可以由索引支持，并且可以轻松地处理动态图。本章将重点介绍几种面向拓扑图的社区搜索模型。

5.1　基于内聚子图的社区搜索模型

社区搜索的目标是基于查询请求，以在线方式搜索高质量的社区。具体而言，给定图 G 的一个或多个节点，目标是发现包含且满足以下性质的社区或稠密子图：①连通性，即社区中的节点是连通的；②凝聚性，即社区中的节点彼此紧密相连。凝聚性通常通过一些经典的子图凝聚力指标来定义。

5.1.1　内聚子图的度量指标

给定简单无向图 $G=(V,E)$，其中 V 表示节点集合且 $|V|=n$，E 表示边集合且 $|E|=m$。G 中节点 v 的度用 $\mathrm{deg}_G(v)$ 表示。

1. k-core

定义 5.1(k-core)　给定整数 $k(k\geqslant 0)$，G 的 k-core(由 H_k 表示) 是 G 的最大子图，该子图满足 $\forall v\in H_k, \mathrm{deg}_G(v)\geqslant k$。

值得注意的是，图中的 k-cores 可能不连通，但存在嵌套关系，即给定两个正整数 i 和 j，如果 $i<j$，那么 $H_i\in H_j$。

定义 5.2 (core number)　给定节点 $v\in V$，其 core number(由 $\mathrm{core}_G[v]$ 表示) 是包含节点 v 的 k-core 的最高 k 值。

例 5.1　图 5.1(a) 中每个数字 k 表示该椭圆中包含的 k-core。节点 $\{A,B,C,D,E,F,G,H,I\}$ 形成的子图为 1-core，其由两个连通分量组成，即 $\{A,B,C,D,E,$

$F,G\}$ 和 $\{H,I\}$。$\{A,B,C,D,E\}$ 构成了图的 2-core。图的 3-core 为 $\{A,B,C,D\}$ 构成的子图。显然，3-core⊆2-core⊆1-core。图 5.1(b) 为图 5.1(a) 节点的 core number 列表。

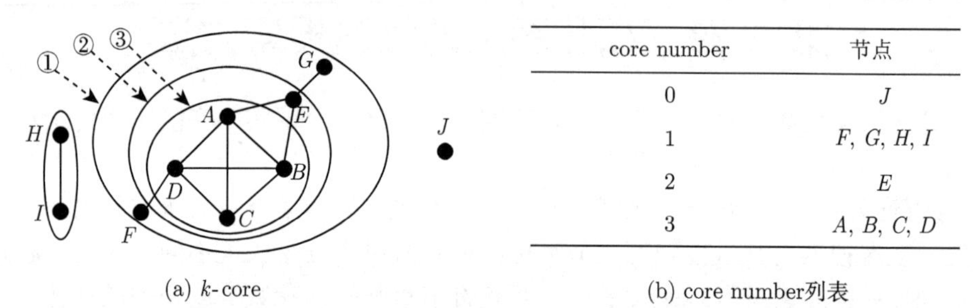

core number	节点
0	J
1	F, G, H, I
2	E
3	A, B, C, D

(a) k-core　　　　(b) core number列表

图 5.1　k-core 示例与对应节点的 core number 列表[1]

2. k-truss

k-truss 是比 k-core 内聚性要求更高的度量指标，其定义基于三角形，即图中的每一个节点都与 $(k-1)$ 个三角形相关。此外，k-truss 是 $(k-1)$ 边连通图，删除任何少于 $(k-1)$ 条边都不会使得 k-truss 断开。具有 n 个节点的 k-truss 的直径不超过 $\lfloor(2n-2)/k\rfloor$，即 k-truss 的直径是有界的。所有这些性质都是评价良好社区的关键指标。此外，k-truss 社区具有明显的层次结构，表示图的不同粒度级别的核心部分。k-truss 也存在嵌套关系，一个节点可能属于多个 k-truss 社区，由于 k-truss 模型在社区建模和计算方面的优势，在社区搜索中得到了广泛应用。k-truss 社区搜索模型具有以下优点。

1) 社区凝聚力强

k-truss 社区内聚性约束较强。在图 5.2 中，由于边 $(q,\ s_4)$ 不在任何三角形中，因此图 5.2 不是 $k\geqslant 3$ 且包含 q 的有效 k-truss 社区。

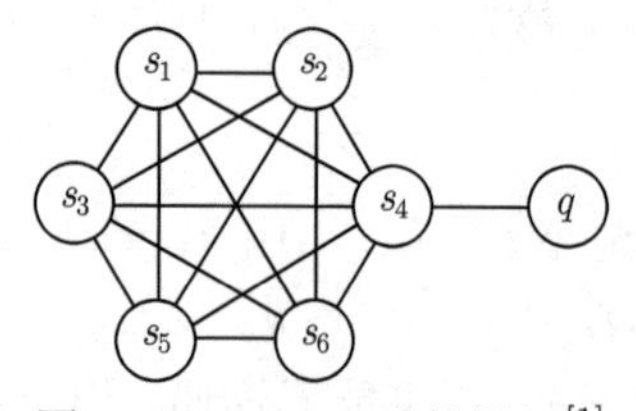

图 5.2　k-truss 结构样例[1]

2) 参数较少

k-truss 社区模型只需要指定 truss number（详见定义 5.5）。此外，$(k+1)$-truss 社区包含在 k-truss 社区中。因此，通过使用不同的 k 值进行社区查询，可以得到包含查询节点的层次化社区结构。

3) 多项式时间复杂度

目前，已经有许多成熟的计算 k-truss 子图的多项式时间算法，使得 k-truss 社区模型的计算变得简单高效。

k-truss 是基于三角形定义的。具体而言，G 中的三角形是长度为 3 的循环。设 $u, v, w \in V$ 是循环中的三个节点，用 $\triangle_{uvw}$ 表示这个三角形。

定义 5.3 (support)　给定图 $G = (V, E)$，边 $(u, v) \in E$ 的 support 由 $\sup(e, G)$ 表示，定义为 $|\{\triangle_{uvw} : u, v, w \in V\}|$。

定义 5.4 (k-truss)　给定图 G，由 J_k 表示 G 的 k-truss，J_k 是 G 的最大子图并且满足 $\forall e \in J_k$，$\sup(e, J_k) \geqslant (k-2)$ 成立。

定义 5.5 (truss number)　给定图 G，设 $\tau(e)$ 表示边 $e \in E$ 的 truss number (trussness)。边 e 的 trussness 是包含 e 的 k-truss 的最大 k 值。

例 5.2　考虑图 5.3(a) 中的图 G，图中用实线圆标识两个 k-truss，其中图 G 的 3-truss 包含节点 $\{A, B, C, D, E\}$，诱导子图 $\{A, B, C, D\}$ 是图 G 的 4-truss。例 5.2 中每条边的 truss number 列表如图 5.2(b) 所示。每条边的 truss number 为包含该边的最大 k-truss 的 k 值。

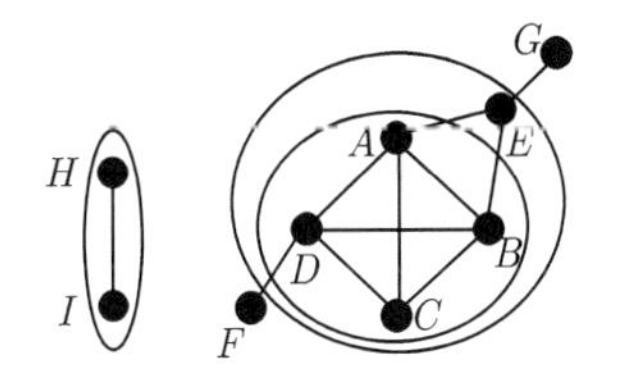

(a) k-truss

truss number	边
4	$(A, B), (A, C), (A, D), (B, C), (B, D), (C, D)$
3	$(A, E), (B, E)$
2	$(D, F), (B, E)$

(b) truss number 列表

图 5.3　k-truss 示例与对应边的 truss number 列表[1]

与 k-core 类似，k-truss 可能包含多个连通分量。考虑图 5.4 中的图 G，图 G 的 4-truss 由两个未连接的阴影区域构成。

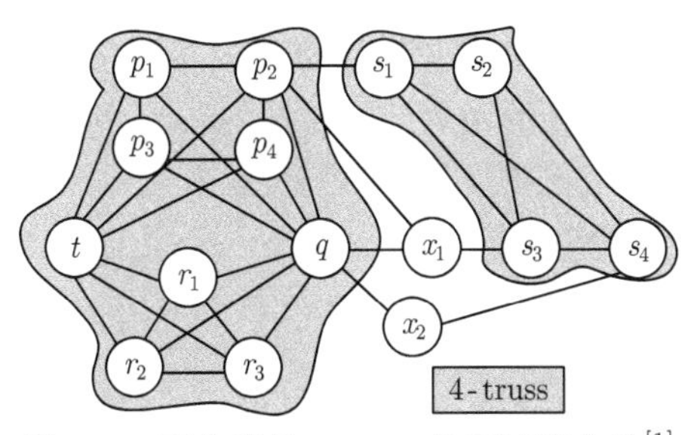

图 5.4　两个满足 4-truss 的不连通分量[1]

3. k-clique

k-clique 的凝聚性约束相较于 k-truss 更加严格，其要求找到的子图满足任意两个节点间都有边。一般而言，寻找图中的 k-clique 是 NP 难问题。下面给出了 k-clique 及其变体的具体定义。

定义 5.6(k-clique)　k-clique 是一个包含 k 个节点的完全图，其中每对节点之间都有一条边。

在图 5.1(a) 中，$\{A, B, C, D\}$ 形成的子图是一个 4-clique，其任意三个节点形成的子图为 3-clique。$\{A, B, E\}$ 所诱导的子图也是一个 3-clique，其中任意两个节点形成的子图为 2-clique。

4. k-ECC

k 边连通分量 (k-edge connected component, k-ECC) 在现实生活中有许多应用。下面给出与 k-ECC 相关的定义。

定义 5.7(k-edge connected)　如果从图 G 移除任何 $(k-1)$ 条边后剩余的图仍然连通，则图 G 是 k 边连通分量。

图的边连通性是图的 k 边连通分量中最大的 k。以下为描述简洁，将边连通称为连通。

定义 5.8 (k-edge connected component)　给定一个图 G，如果 G 的子图 g 是 G 的 k 边连通分量，需满足：

(1) g 是 k 边连通分量；

(2) G 中任何 g 的超图都不是 k 边连通的。

5.1.2　基于内聚子图度量指标的社区搜索算法

k-core 和 k-truss 定义简单，同时能够有效地确保图的密集性，本小节主要介绍基于 k-core 和 k-truss 的社区搜索算法。

1. 基于 k-core 的社区搜索算法

基于 k-core 的社区搜索算法引起了研究人员广泛的研究兴趣，其中 Sozio 等[2] 首次给出了社区搜索问题的定义，并将 k-core 应用到社区搜索中。下面将根据此工作具体介绍基于 k-core 的社区搜索算法。

基于 k-core 的社区搜索问题定义　给定一个无向简单图 $G = (V, E)$，一个查询节点 q 和一个非负整数 k，返回 G 的一个子图 $H = (V_H, E_H)$ 使其满足以下条件：

(1) V_H 包含 q;

(2) H 是连通的;

(3) 对于 H 中的每一个节点 v，$\deg_H(v) \geqslant k$，其中 $\deg_H(v)$ 表示节点 v 在图 H 中的度数。

目前，大多数基于 k-core 的社区搜索算法主要聚焦于全局及局部社区搜索算法。

1) 全局搜索算法

Sozio 等[2] 提出了一种贪婪算法，按照计算密集子图剥离框架迭代地去除节点。设 $G_0 = G$，G_t 为第 t 次迭代后的图 $(1 \leqslant t \leqslant T)$。在第 t 步，移除 G_{t-1} 中具有最小度数的节点并获得更新的图 G_t，上述操作在第 T 步骤迭代并停止。迭代停止满足以下两个条件：一是查询节点集 Q 中的至少一个节点在图 G_{T-1} 中具有最小度；二是查询节点集 Q 不再连通。设 G_t' 为 G_t' 中包含 Q 的连通分量，则子图 $G_0 = \arg\max\{f(G_t')\}$ 满足社区搜索问题中的所有约束。Sozio 等[2] 用 Global 表示上述提及的方法，通过使用一些特殊的优化技术，Global 能够实现线性时间复杂度，即 $O(n+m)$。请注意，函数 $f(H)$ 可以推广到任何单调函数，相应的问题也可以通过 Global 来解决。

由于 Global 删除所有低度数的节点，返回的子图是最大的连通子图，其中每个节点至少有 k 个邻居。返回的子图是包含 Q 的连通 k-core，其中 k 等于 Q 中节点的最小 core number。

2) 局部搜索算法

根据基于 k-core 的社区搜索的问题定义，可能存在 G_0 的一些子图，其满足所有约束并且在函数 f 上达到相同的值，但是具有更小的规模。基于此想法，一种局部社区搜索算法 Local 被提出，其基于局部扩展策略搜索一个可能比 Global 小的社区。给定一个查询节点 q，Local 算法包括三个步骤：第一，从 q 扩展搜索空间；第二，在搜索空间中生成候选节点集 C；第三，找到包含 C 的社区。

在局部扩展策略中，关键步骤是第二步，Local 算法采用迭代策略。在每次迭代中，选择局部最优的节点并将其添加到候选集 C 中。为了确定局部最优节点，采用两种启发式策略。一是选择能够使得函数 f 增量最大的节点；二是选择与候选集中的节点具有最大连边数的节点。当候选集 C 满足社区搜索问题约束时，迭代停止。

设 H 和 H' 分别表示 Global 和 Local 返回的社区，可得 $f(H') = f(H)$，$H' = H$。此外，由于在最坏的情况下候选集 C 可能与节点集 V 相同，因此 Local 的时间复杂度与 Global 的时间复杂度相同。实际上，对于大型图，候选集通常比整个图小得多，因此局部算法的效率更高。

2. 基于 k-truss 的社区搜索算法

基于 k-truss 的社区搜索算法引起了研究人员广泛的研究兴趣，其中 Huang 等[3] 将 k-truss 应用到社区搜索的解决方案中。下面将具体介绍基于 k-truss 的社区搜索算法。

基于 k-truss 社区搜索问题定义 给定无向简单图 $G=(V,E)$，查询节点 $q\in V$ 和一个整数 $k\geqslant 2$，返回所有子图 $H\subseteq G$ 且 H 满足以下三个约束。

(1) 结构凝聚性：H 包含查询节点 q，使得 $\forall e\in E(H)$，$\sup(e,H)\geqslant(k-2)$；

(2) 三角形连通性：$\forall e_1,e_2\in E(H)$，e_1 和 e_2 是三角形连通的；

(3) 最大子图：H 是满足以上约束 (1) 和 (2) 的 G 的最大子图。

上述的问题定义又称为三角连通的 truss 社区 (triangle-connected truss community, TTC) 问题。其中约束（2）施加的三角形连通性要求用以确保发现的社区是连通的。此要求还允许查询节点出现在多个重叠社区。

例如，图 5.5(a) 中的图 G，查询节点 q 及参数 k=5。两个包含查询节点 q 的 5-truss 社区 C_1 和 C_2 如图 5.5(b) 所示。因为在两个节点集 $\{s_1,s_2,s_3,s_4\}$ 和 $\{x_1,x_2,x_3,x_4\}$ 之间的边较少，C_1 中的边不能通过相邻的三角形到达 C_2 中，所以 C_1 和 C_2 不能合并为一个社区。

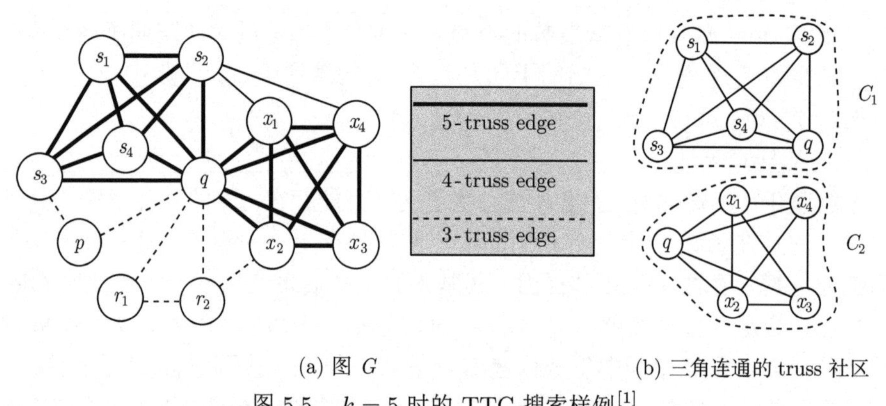

(a) 图 G　　(b) 三角连通的 truss 社区

图 5.5　$k=5$ 时的 TTC 搜索样例[1]

基于 truss 的社区模型继承了 k-truss 的一些良好的结构特性，如 $(k-1)$ 边连通，有界直径和层次结构。此外，小直径被认为是良好社区的重要特征，具有 $|V(H)|$ 个节点的 k-truss 社区 H 的直径小于等于 $\lfloor(2|V(H)|-2)/K\rfloor$。基于 truss 的社区具有很强的可分解性，可以在不同的粒度级别上分析大规模网络。

为了解决 TTC 搜索的问题，主流算法包括一种针对 TTC 搜索问题的在线搜索算法和一种基于 TCP 索引的搜索算法。下面将逐一简要介绍这些算法的关键思想。

1) 针对 TTC 搜索问题的在线搜索算法

Huang 等[3]提出了一种在线搜索算法来处理 TTC 搜索问题。在图 G 中，该算法首先执行 truss 分解算法来计算 G 中所有边的 truss number。通过社区定义，

该算法从查询节点 q 开始，检查任意 $(q,v)\in E$ 的一条边，这条边的 trussness 要满足 $\tau(q,v)\geqslant k$，以此来搜索三角形连通的 truss 社区。该算法以 BFS 方式探索图中所有的边，这些边均与 (q,v) 三角形连通，并且这些边的 truss number 均大于等于 k。此过程将迭代，直到 q 的所有边都处理完毕。最后，返回一组包含 q 的 k-truss 社区。

2) 基于 TCP 索引的搜索算法

在线搜索算法可能在检查不合格边时产生大量无效边的访问，为了避免这类问题，Huang 等[3] 设计了三角连通性保留索引 (triangle connectivity preserved index, TCP-index)，又称 TCP 索引。TCP 索引在小型的树形索引中保留了 truss number 和三角形邻接关系，并支持在线性时间内得到 k-truss 社区的查询。对于给定的图 G，需要为 G 中的每个节点构造 TCP 索引，记为 $\mathcal{T}_x$，其中节点 x 作为 TCP 索引构造的起点。实际上，$\mathcal{T}_x$ 是 G_x 的最大生成森林，G_x 是通过 x 的邻居节点集 $N(x)$ 生成的 G 的诱导子图。对于每条边 $(y,z)\in E(G_x)$，权重 $w(y,z)=\min\{\tau((x,y)),\tau((x,z)),\tau((y,z))\}$，这表明 $\triangle_{xyz}$ 只能出现在 k 值最小的 k-truss 社区中，其中 $k\leqslant w(y,z)$。图 5.6 给出了图 5.5 中节点 q 的 TCP 索引 $\mathcal{T}_q$。节点 s_1、s_2、s_3 和 s_4 通过权重为 5 的加权边连接，表示这些节点存在于三角形连通的 5-truss 社区中。

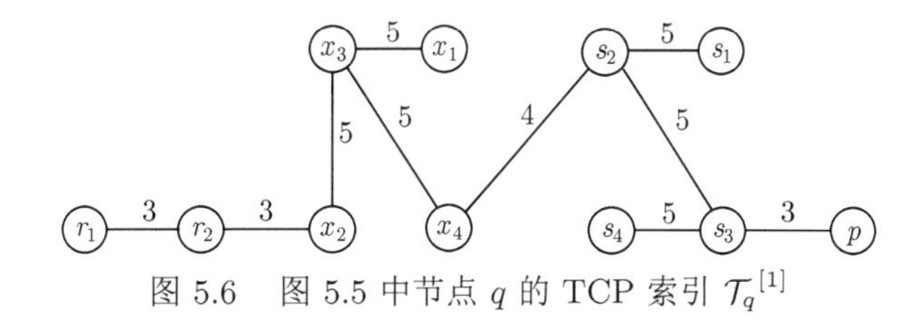

图 5.6 图 5.5 中节点 q 的 TCP 索引 $\mathcal{T}_q$[1]

5.2 基于优化评价指标的社区搜索模型

除基于内聚子图的社区搜索模型外，还有一些研究方法将输入节点作为种子节点，通过最优化目标函数从种子节点中扩张社区以获得与种子节点相关的社区。基本思想是将输入的节点看作种子节点，然后通过最大化或者最小化给定的社区质量评估函数来扩展社区。代表性的评估函数有局部模块度和查询偏向密度，本节将逐一介绍这两种评估函数的社区搜索模型。

5.2.1 局部模块度社区搜索模型

通常，基于局部模块度的局部社区检测研究问题遵循之前定义的社区搜索问题。局部模块度是这类局部社区检测模型的关键部分，一个社区结构函数的评价质量通常将直接影响到社区搜索结果。目前，已了解到的局部模块度函数分为两类：一是基于边界的局部模块度；二是基于度子图的局部模块度。

如图 5.7 所示，整个网络 G 分为三个部分[4]，其中，Core 表示社区的核心部分，B 表示局部社区的边界部分，U 表示网络的未知部分。局部模块度 R 被定义为

$$R = \frac{B_{\text{in}}}{B_{\text{in}} + B_{\text{out}}} \tag{5.1}$$

式中，B_{in} 为边界节点和局部社区核心部分 Core 中其他节点之间的边数；B_{out} 为边界节点和网络未知部分 U 之间的边数。社区结构通常具有良好的边界，即边界部分 B 与未知部分 U 的连接稀疏，而与局部社区核心 Core 连接紧密。因此，最大化 R 成为社区搜索的目标，即通过这种方法可以找到边界锐度高的社区。

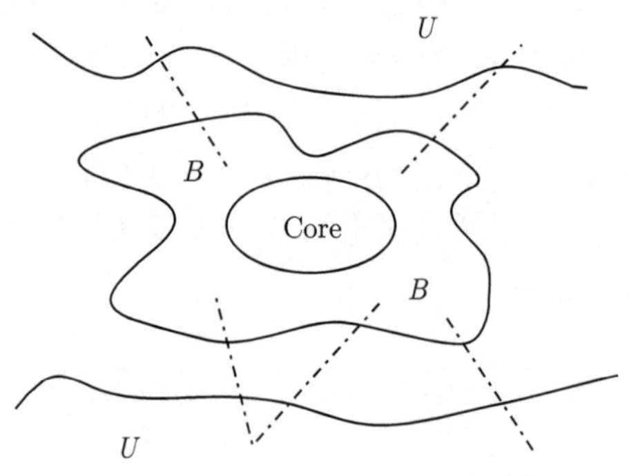

图 5.7 网络 G 的结构划分[5]

基于 R，Clauset[4] 设计了一种算法，首先令 q 为种子节点，初始化 $C = \{q\}$ 并将 q 的邻居节点放入集合 $N(u)$。在每一步，将能够最大化 R 且属于 $N(u)$ 的节点添加到 C 中，并将其邻居放入集合 $N(u)$。这个过程一直持续到聚集了给定数量 k 的节点，或者已经发现了整个封闭的连通分量，即没有邻居节点能够再被放入 C 中。无论哪种情况先发生，时间复杂度都为 $O(k^2d)$，其中 d 为平均度，k 为要发现的节点数。

基于边界的局部模块度着眼于局部社区的边界特征，认为一个结构良好的社区在边界节点上应该具有与社区内部连接紧密、与社区外部连接稀疏的特征，而基于度子图的局部模块度则侧重社区内部与外部的区别，其定义为

$$M = \frac{E_{\text{in}}}{E_{\text{out}}} \tag{5.2}$$

式中，E_{in} 为内部边的数目；E_{out} 为外部边的数目。内部边意味着边的两个节点在局部社区中，而外部边在局部社区内只有一个节点。

Luo 等[5]说明可以用 R 或 M 直接检测局部社区。换言之，每次极大增加 R 或 M 的节点到社区中，直至没有节点能够增大 R 或 M 的值，这个过程称为 R 方法或 M 方法。在这两种方法的基础上又提出了两种性能更好的社区搜索方法，即 DMF-R 方法和 DMF-M 方法。下面以 M 方法、DMF-M 方法作为示例来陈述这两种思想。

M 方法是一种基于贪心思想的社区搜索方法，首先，将给定的种子节点 v_{seed} 看作是一个社区，即 $C=\{v_{\text{seed}}\}$；其次，将 v_{seed} 的邻居 $N(v_{\text{seed}})$ 尝试添加到 v_{seed} 所在的社区中并计算相应的 M 值，将能够最大化 M 的节点加入到社区，并将该节点的邻居节点集添加到 $N(v_{\text{seed}})$ 中；最后，循环上一步骤至 M 不能增大或者 $N(v_{\text{seed}})$ 为空。

与 M 方法单一增大 M 值不同的是，DMF-M 方法将社区搜索分成了初始阶段、中间阶段、结束阶段三个阶段，每个阶段对应一个不同的动态隶属函数，以确定节点是否可以加入社区。

在初始阶段，动态隶属函数如下：

$$\mu_{M1}(v_i)=\begin{cases}\max\limits_{v_j\in \mathrm{NC}}\dfrac{|N(v_i)\cap N(v_j)|+1}{|N(v_j)|}, & \Delta M\geqslant 0\\ 0, & \Delta M<0\end{cases}\tag{5.3}$$

式中，v_i 为要添加到社区中的节点；NC 为已经存在于局部社区中的 v_i 的邻居节点集。令 ΔM 表示局部模块度 M 的变化，当 v_i 添加到社区时，局部模块度的值将会发生变化。针对多个节点使 $\mu_{M1}(v_i)$ 最大的情况，提出了考虑第二层邻居节点的 $\mu_{M1s1}(v_i)$。在每一次选择中，具有最大 $[\mu_{M1}(v_i)+0.1\times\mu_{M1s1}(v_i)]/1.1$ 的节点将被添加至社区中。

在中间阶段，动态隶属函数被定义为

$$\mu_{M2}(v_i)=\begin{cases}1-\dfrac{1}{1+\Delta M}, & \Delta M\geqslant 0\\ 0, & \Delta M<0\end{cases}\tag{5.4}$$

每次迭代，最大化 $\mu_{M2}(v_i)$ 的节点被添加到局部社区中。在结束阶段，动态隶属函数定义为

$$\mu_{M3'}(v_i)=\max_{v_j\in \mathrm{NC}}\frac{|N(v_i)\cap N(v_j)|+1}{|N(v_i)|}\tag{5.5}$$

$$\mu_{M3''}(v_i)=\frac{|\{n|n\in N(v_i),n \text{ in } C\}|}{|N(v_i)|}\tag{5.6}$$

$$\mu_{M3}(v_i)=\max(\mu_{M3'}(v_i),\mu_{M3''}(v_i))\tag{5.7}$$

式中，C 为局部社区。对于 N 中的每个节点 v_i，如果 $\mu_{M3}(v_i) > 0.5$，则将 v_i 添加到局部社区，其中 N 为社区 C 的邻居节点集。

DMF-M 方法的思想将最大化 M 的过程细化为三个阶段。在初始阶段认为外部边的数量大于内部边的数量，这就意味着 $M < 1$。在这个阶段，延续最大化 M 的思想，考虑最大化 ΔM 的节点并将其添加到社区中，持续这个过程直到 $M \geqslant 1$ 或无 $\Delta M \geqslant 0$。$M \geqslant 1$ 意味着内部边大于或等于外部边，这时就进入了中间阶段。中间阶段与 M 方法一致，在中间阶段结束时，社区基本形成，进入到结束阶段。在结束阶段，如果 $\mu_{M3}(v_i) > 0.5$，则添加 v_i 到社区并更新 N。重复这个步骤至 N 为空。

基于局部模块度的社区搜索模型重在局部模块度函数和扩展社区策略的设计，目前这种模型是社区搜索的热门技术，主要归因于其简单的探索思想和较低的时间复杂度。

5.2.2 查询偏向密度社区搜索模型

现有的基于最优化度量指标查找社区的方法往往会面临“搭便车效应”问题。例如，图 5.8(a) 是一个具有四个社区的网络，查询节点为 A 社区中的黑色节点；图 5.8(b) 是 A、$A\cup B$ 和 $A\cup C$ 上不同内聚性度量值。其中，B 是整个网络中最稠密的子图，把这样一个质量值最大的子图称为全局最优子图。如果一个质量度量试图在识别的局部社区中包含全局最优子图，则称这个度量导致了全局“搭便车效应”。将质量值大于其他任何子图的子图称为局部最优子图。图 5.8 中，子图 C 是局部最优子图，与查询节点无关。如果一个质量度量在被识别的局部社区中包含一个局部最优子图，则称这个质量度量导致了局部“搭便车效应”。

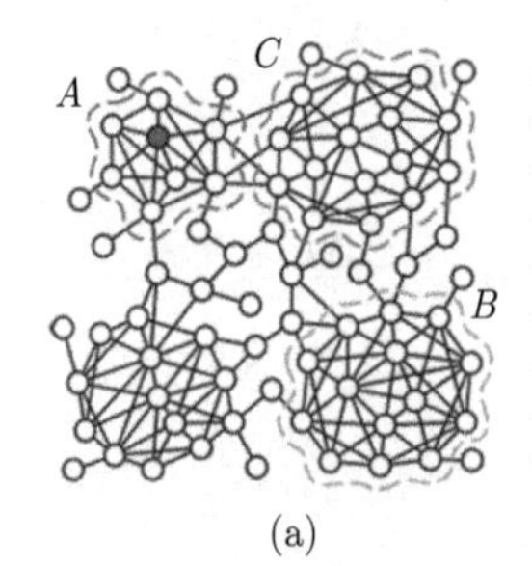

(a)

度量指标	A	$A\cup B$	$A\cup C$
经典密度	2.50	2.95	2.83
边-剩余	15.3	26.5	22.8
最小度	4	4	4
子图模块度	2.0	3.6	4.6
密度-孤立	−2.6	3.8	1.5
外部电导值	0.25	0.14	0.11
局部模块度	0.63	0.70	0.78

(b)

图 5.8 “搭便车效应”案例[6]

表 5.1 列出了图 5.8(b) 中的度量指标及其计算公式。其中，子图模块度、密度–孤立和外部电导值度量了社区的内部稠密性和外部稀疏性。请注意，密度–孤立公式中的 α 和 β 是用户指定的常数，$e(A)$ 表示 A 图内的边权之和，如果没有特殊要求，则每条边权重为 1，$w_H(u)$ 为节点 u 在图 H 中的度。在外电导值计

算公式中，令 $\varphi(H) = 2e(H) + e(H, \overline{H})$。总内边权重 $e(H)$ 衡量内部密度，总外边权重 $e(H, \overline{H})$ 衡量外部稀疏度。局部模块度衡量社区边界的锐度。在局部模块度计算公式中，分子表示与δH 相关的内部边的总权重，分母表示与 δH 相关的所有边的总权重。

表 5.1　图 5.8(b) 中的度量指标及其计算公式

度量指标	计算公式 $f(S)$
经典密度（classic density）	$e(H)/\|H\|$
边–剩余（edge-surplus）	$e(H) - \alpha h(\|H\|)\dfrac{\text{concave} \cdot h(x)}{h(x) = \begin{pmatrix} x \\ 2 \end{pmatrix}}$
最小度（minimum degree）	$\min\limits_{u \in H} w_H(u)$
子图模块度（sub. modularity）	$e(H)/e(H, \overline{H})$
密度–孤立（density-isolation）	$e(H) - \alpha e(H, \overline{H}) - \beta\|H\|$
外部电导值（ext. conductance）	$e(H, \overline{H})/\min\{\phi(H), \phi(\overline{H})\}$
局部模块度（local modularity）	$e(\delta H, H)/e(\delta H, V)$

随机游走常被用来缓解“搭便车效应”带来的影响。在基于随机游走的社区搜索模型中，最经典的是 Kloumann 等[7]将个性化页面排名模型用于识别一组查询节点 Q 所在的社区。

基于随机游走的社区搜索问题定义　给定图 $G = (V, E)$，一组查询节点 $Q \subseteq V$ 和一个整数 k，返回一组节点 C，使得：

(1) $Q \subseteq C$；

(2) C 中包含 k 个节点，其位于 PPR 所得查询节点得分向量中的前 k 个位置。

假设有一定数量的步行者在图上行走。如果在某个时刻步行者停留在节点 v_i，则在下一个时刻，将随机前往其邻居节点 v_j。随着时间的推移，在每个节点 v_i 的游走概率将收敛（在特定条件下）到 $\boldsymbol{r}(i)$，将其称为节点 v_i 的 PageRank 分数。需注意的是，$\boldsymbol{r}(i)$ 不涉及特定节点的偏好，与起始节点的分布无关，因此 $\boldsymbol{r}(i)$ 反映了节点 v_i 在网络中的全局重要性。但对于特定用户，查询节点集 Q 融入了用户的兴趣信息，因此只关注 Q 中节点的访问概率将会更符合用户偏好。为了将 Q 的偏好信息结合到上面的模型中，Kloumann 等[7]提出以下修改：在每个时刻，步行者以概率 c 跳回到 Q 中的节点，并且概率 $(1 - c)$ 沿着一个邻居继续前进。在这个模型中步行者的分布限制将会有利于 Q 中和与 Q 相似性高的节点，改进后的模型称为 PPR 模型。显然，如果设 Q 是查询节点的集合，访问概率最高的节点可以被认为是 Q 的社区成员。以下给出具体过程。

给定图 G，$\boldsymbol{A}$ 是 G 的邻接矩阵，即如果节点 v_i 连接到节点 v_j，则有 $A_{ij} = 1/\deg_G(v_i)$，其中 $\deg_G(v_i)$ 是节点 v_i 的度。在查询节点上定义偏好向量 $\boldsymbol{u}$，设

初始设向量 $\boldsymbol{u}$ 中第 i 维为 $u(i)=1/|Q|$，$v_i \in Q$ 且 $|\boldsymbol{u}|=1$。PPR 被定义为

$$\boldsymbol{v}=(1-c)\boldsymbol{A}\boldsymbol{v}+c\boldsymbol{u} \tag{5.8}$$

式中，c 为衰减因子，$c \in (0,1]$，c 通常取值为 0.1。

5.3 其他社区搜索模型

传统基于结构度量的社区搜索模型忽略了与查询节点相关但未与其社区成员紧密连接的节点。此外，通过基于结构度量的方法常常采用贪心或组合优化方法挖掘与查询节点密切相连的节点，限制了社区搜索方法的搜索效率。因此，研究人员提出了其他众多社区搜索模型以解决上述问题。由于现有社区搜索模型众多，本节将重点介绍得到广泛应用的基于随机游走及其变种的社区搜索模型、基于邻域扩展的社区搜索模型和基于谱子空间的社区搜索模型。

5.3.1 基于随机游走及其变种的社区搜索模型

基于随机游走和节点接近度的方法被提出并广泛用于社区搜索[6-9]，如重启的随机游走 (random walk with restart, RWR)[9]，通常用于评估单个网络中的节点接近度。本小节将基于随机游走的社区搜索模型分为面向简单网络的随机游走社区搜索模型、面向多网络的随机游走社区搜索模型和基于随机游走查询替换的社区搜索模型。接下来将对这三方面详细阐述。

1. 面向简单网络的随机游走社区搜索模型

文献 [10] 中给出了利用 RWR 进行社区搜索任务的详细过程。除了经典的基于随机游走的社区搜索方法，研究人员还提出了许多随机游走方法的变体，详细介绍其中最具影响力的基于记忆的随机游走社区搜索方法。

为解决现有社区搜索方法通常假设所有查询节点来自同一社区，并只找到单个目标社区的局限性，Bian 等[8]提出了基于记忆的随机游走 (memory-based random walk, MRW) 方法，可以同时识别查询节点所属的多个目标局部社区。在 MRW 中，记录每个步行者的整个访问历史并将每个查询节点与随机步行者相关联，以便他们可以更好地捕获社区结构，而不是偏向查询节点。给定图 $G=(V,E)$，一组查询节点 $Q \subseteq V$，超参数 c、β、γ 和滑动窗口长度，返回一组社区 C。具体地：

$$\boldsymbol{r}^{(t+1)}=c\boldsymbol{P}\boldsymbol{r}^{(t)}+(1-c)\boldsymbol{v}^{(t)} \tag{5.9}$$

式中，$\boldsymbol{v}^{(t)}$ 表示前 t 时刻的访问历史，在时间 t，将具有最大访问概率的节点称为步行者的关键位置。使用向量 $\boldsymbol{e}^{(t)}$ 来表示这些关键位置。假设存在 n 个关键位置

($n \geqslant 1$)，$\boldsymbol{e}^{(t)}$ 中对应于 n 个关键位置的元素被设置为 $1/n$，并且所有其他元素被设置为 0。

$$\boldsymbol{v}^{(t)} = [1-\beta^{(t-1)}]\boldsymbol{v}^{(t-1)} + \beta^{(t-1)}\frac{1}{K}\sum_{k=1}^{K}\boldsymbol{e}^{(t+1-k)} \tag{5.10}$$

其中，$\frac{1}{K}\sum_{k=1}^{K}\boldsymbol{e}^{(t+1-k)}$ 表示当前时间窗口中关键位置向量的平均值，即过去的 K 步长。直观地，$\boldsymbol{v}^{(t)}$ 将先前的访问历史（由 $\boldsymbol{v}^{(t-1)}$ 表示）和当前时间窗口中的关键位置向量的平均值与调整参数β（$0<\beta<1$）组合。注意，最初，当 $t<K$ 时，$\boldsymbol{e}^{(t+1-k)}$ 被设置为 $\boldsymbol{e}^{(0)}$ 且 $\boldsymbol{e}^{(0)}=\boldsymbol{v}^{(0)}$。如果两个查询节点 v_i 和 v_j 在同一社区中，则其对应的向量 $r_i(t)$ 和 $r_j(t)$ 应具有高相似度；否则得分向量的相似度应该很低。因此，对于得分向量高度相似的步行者，允许他们相互加强。

$$\boldsymbol{\chi}_i^{(t)} = \begin{cases} (1-\gamma)\boldsymbol{r}_i^{(t)} + \gamma\sum_{j=1}^{s}\boldsymbol{R}^{(t)}(j,i)\boldsymbol{r}_j^{(t)}, & \sum_{j=1}^{s}\boldsymbol{R}^{(t)}(j,i)=1 \\ \boldsymbol{r}_i^{(t)}, & \sum_{j=1}^{s}\boldsymbol{R}^{(t)}(j,i)=0 \end{cases} \tag{5.11}$$

其中，当 $\cos\left(\boldsymbol{r}_i^{(t)},\boldsymbol{r}_j^{(t)}\right)>\theta$ 时，$\widehat{\boldsymbol{R}}^{(t)}(i,j)=\cos\left(\boldsymbol{r}_i^{(t)},\boldsymbol{r}_j^{(t)}\right)$，否则 $\widehat{\boldsymbol{R}}^{(t)}(i,j)=0$，$\boldsymbol{R}^{(t)}$ 为 $\widehat{\boldsymbol{R}}^{(t)}$ 列归一化的值。

面向简单网络的随机游走社区搜索模型重在探索不同游走策略的设计，旨在解决查询偏向或者查询节点所处不同社区的问题。目前，这种模型受到了研究人员的广泛关注，主要归因于该模型可精确捕获到满足查询个性化偏好的社区。

2. 面向多网络的随机游走社区搜索模型

现有的社区搜索模型大多基于简单网络，但现实世界中的单个网络可能是带噪声的或不完整的。多个网络在实际应用中信息量更大，有多种类型的节点和多种类型的节点亲近度，来自不同网络的互补信息有助于提高检测精度。面向多网络的随机游走社区搜索模型被提出并用以解决上述问题，其具有一个关键假设，即存在一个跨所有视图 (域) 共享的公共簇结构，并且不同的视图 (域) 在这个底层簇结构上提供兼容和互补的信息。

定义 5.9 (多网络)[11]　多网络或 N-网络 G 由 N 个相互连通的简单网络组成。第 i 个简单网络表示为有着邻接矩阵 $\boldsymbol{A}^{(i)}\in\mathbb{R}_+^{n_i\times n_i}$ 的加权图 $G^{(i)}=(V^{(i)},E^{(i)})$，其中 $n_i=|V^{(i)}|$，且矩阵 $\boldsymbol{A}^{(i)}$ 中的每个元素 $A_{xy}^{(i)}$ 是图 $G^{(i)}$ 中节点 $V_x^{(i)}$ 和节点 $V_y^{(i)}$ 间的边权。

针对以上问题，Yan 等 [11] 提出了一种经典的基于重启的多网络随机游走 (multi-network random walk with restart, MRWR) 模型用以在多网络上搜索与查询节点相关的社区。在多网络模型中，简单网络 $G^{(i)}$ 和 $G^{(j)}$ 之间的联系表示为有着邻接矩阵 $\boldsymbol{C}^{(ij)} \in \mathbb{R}_{+}^{n_i \times n_j}$ 的二分图 $G^{(ij)} = (V^{(i)}, V^{(j)}, E^{(ij)})$，其中 $n_i = |V^{(i)}|$，$n_j = |V^{(j)}|$。节点 $v_x^{(i)}$ 和 $v_y^{(i)}$ 之间的连接权重为 $C_{xy}^{(ij)}$。在该模型中，用户能以不同的转移概率转移到不同的网络中。图 5.9 为简单网络和 2-网络上的随机游走。

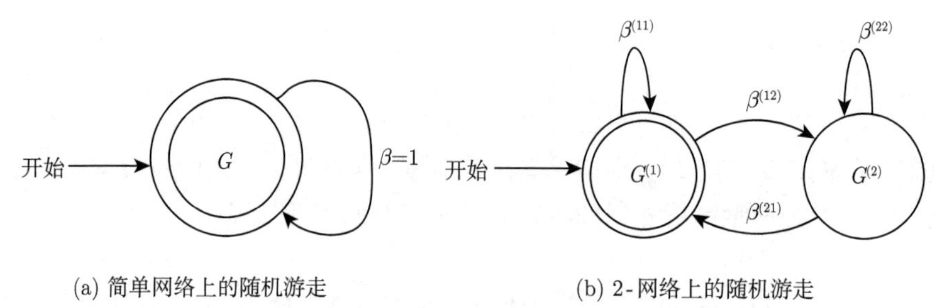

(a) 简单网络上的随机游走　　(b) 2- 网络上的随机游走

图 5.9　简单网络和 2-网络上的随机游走[11]

设 β 为在不同网络之间的转移概率，在面向简单网络的随机游走社区搜索模型中，随机步行者以 β=1 留在网络中 [图 5.9(a)]。然而，对于具有 N 个网络的多网络，存在 $(N \times N)$ 个不同的转移概率。图 5.9(b) 为 2-网络上的随机游走一个示例。其中，随机步行者以 $\beta^{(11)}$ 的机会留在 $G^{(1)}$，以 $\beta^{(12)}$ 的机会从 $G^{(1)}$ 跳转到 $G^{(2)}$ 等等。所有这些转移概率构成的转移矩阵记为 $\boldsymbol{B} = \begin{bmatrix} \beta^{(11)} & \cdots & \beta^{(1N)} \\ \vdots & & \vdots \\ \beta^{(N1)} & \cdots & \beta^{(NN)} \end{bmatrix}$。

随机游走者跨网络跳转的概率通过矩阵 $\boldsymbol{B}$ 中的概率决定，且所有网络的跳转概率之和必须为 1，因此矩阵 $\boldsymbol{B}$ 也是行随机的。文献 [11] 指出，具有特殊矩阵 $\boldsymbol{B}$ 的 MRWR 有两种，即每行相同（秩为 1）或矩阵对称。分别将这两种特殊的磁共振波列称为有偏磁共振波列和对称磁共振波列。在有偏磁共振波列的 MRWR 中，随机游走者在任何时候都有可能进入 $\boldsymbol{B}$ 较大的网络。然而，在对称磁共振波列 MRWR 中，游走者以同等的概率在任意一对网络 $G^{(i)}$ 和 $G^{(j)}$ 之间来回行走，如 $\beta^{(ij)} = \beta^{(ji)}$。与简单网络的随机游走相比，多网络的随机游走可以表示为

$$\begin{aligned}\boldsymbol{r} &= \sum_{\delta}(1-\alpha)\alpha^k \beta_\delta \boldsymbol{s} \boldsymbol{P}_\delta \\ &= \sum_{\delta}(1-\alpha)\alpha^k \prod_{i=1}^{k} \beta^{(\delta_i \delta_{i+1})} \boldsymbol{s} \prod_{i=1}^{k} \boldsymbol{P}^{(\delta_i \delta_{i+1})}\end{aligned}$$

$$= \sum_{\delta}(1-\alpha)\alpha^k \boldsymbol{s} \prod_{i=1}^{k} \beta^{(\delta_i \delta_{i+1})} \boldsymbol{P}^{(\delta_i \delta_{i+1})} \tag{5.12}$$

其中，$\delta = \langle \delta_1, \delta_2, \cdots, \delta_{k+1} \rangle$ 是一个长度为 $k\delta$ 的任意游走序列 $(k \geqslant 0)$，且节点 v_i 在网络 $G^{(\delta_i)}$ 中，$1 \leqslant \delta_i \leqslant N$。类似于面向简单网络的基于重启的随机游走，$\alpha$ 作为步行长度的折扣因子。$\boldsymbol{P}_\delta = \prod_{i=1}^{k} \beta^{(\delta_i \delta_{i+1})}$ 是游走序列 δ 的转移矩阵，$\beta_\delta = \prod_{i=1}^{k} \beta^{(\delta_i \delta_{i+1})}$ 是游走序列 δ 的异构折扣系数。对于多网络的转移矩阵，如果 $i = j$，则 $P_{xy}^{(ij)} = A_{xy}^{(i)} \Big/ \sum_y A_{xy}^{(i)}$，否则 $P_{xy}^{(ij)} = C_{xy}^{(ij)} \Big/ \sum_y C_{xy}^{(ij)}$。

3. 基于随机游走查询替换的社区搜索模型

探索查询节点集所在的社区搜索（局部社区检测）是近年来的研究热点，查询节点对检测效果起着至关重要的作用。当查询节点来自目标社区核心区域时，现有方法可精确地搜索到查询节点所在社区。如图 5.10 所示，当查询节点来自不同社区或来自社区重叠区域及社区边界区域时，基于随机游走的社区搜索方法的性能表现不理想。

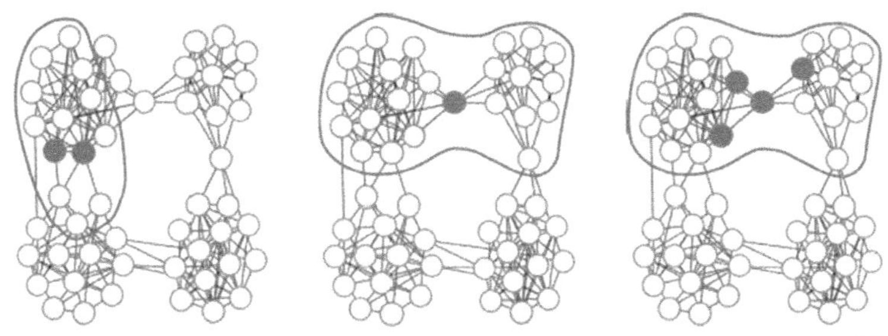

图 5.10　以 PRN (pagerank-nibble) 方法为例的三个困难的查询案例[12]

为了应对上述问题，Bian 等 [12] 提出一种基于社区核心区域节点替换处于边界的困难查询的社区搜索方法。该方法将每个节点视为场源并基于此定义其重要性，即每个节点可以影响其他节点，也可以受其影响范围内其他节点的影响。具体来说，定义节点 v_i 的 TP (topology potential) 值 ψ_i 为在其影响范围内节点影响之和：

$$\boldsymbol{\psi}_i = \sum_{j=1}^{K} \boldsymbol{m}(j) \mathrm{e}^{-\left(\frac{h_{ij}}{\sigma}\right)^2} \tag{5.13}$$

式中，K 为影响范围内的邻居数；$\boldsymbol{m}$ 为基于查询节点集重启随机游走的得分向量，元素 $\boldsymbol{m}(j)$ 为邻居 v_j 对 v_i 的影响，影响程度由 v_i 和 v_j 间最短路径长度 h_{ij} 与参数 σ 比值来计算。

当一个节点 TP 值高于特定邻域范围的其他节点时，节点应该被赋予更高的权重。因此，基于 TP 值对节点进行降序排名。然后基于分数差距定义权重。定义放大系数来强调核心节点的重要性如下：

$$\rho_i = \begin{cases} \min\limits_{\gamma_j < \gamma_i} h_{ij}, & \gamma_i > 1 \\ \max\limits_{\gamma_j > 1} \rho_j, & \gamma_i = 1 \end{cases} \tag{5.14}$$

式中，γ 为排名索引。最终分数计算方式定义为

$$f_i = \psi_i \cdot \rho_i \tag{5.15}$$

综上，该方法首次给出了解决查询节点处于困难位置的替换策略，但解决基于随机游走的社区搜索方法中查询节点所处位置对于社区搜索方法的影响待进一步探索。

5.3.2 基于邻域扩展的社区搜索模型

基于邻域扩展的社区搜索模型受到了众多研究人员的关注，基本思想主要分为两种：一是首先通过将用户给定的查询节点替换为高质量的种子节点，再以种子节点为核心扩展社区；二是以用户给定的查询节点为中心，采用结构度量挖掘查询节点所在的局部社区。这两种基于邻域扩展的社区搜索模型在实际中均有广泛的应用前景。但是，不论是种子节点替换方法还是度量函数方法均存在种子依赖性、核心标准 (core-criteria) 和终止问题，这三类问题仍然是主流社区搜索算法的热点和难点。

1. 种子节点替换或其他扩展方式

在基于邻域扩展的社区搜索模型中，种子节点替换是基于查询节点往往与社区搜索结果紧密相关而选择的，以更好地检测出真实社区。一种策略是找到查询节点所在社区的核心节点，以拓展该种子节点的邻域挖掘所感兴趣的局部社区。在早期阶段，Mehler 等[13] 提出了一种经典的邻域扩展方法，从代表性的种子节点中发现社区。

具体地，给定图 $G = (V, E)$ 和查询节点的集合 S，该方法重复地识别最优的“下一个”不在当前社区 C 中但与查询节点关联紧密的种子节点 v(最初是 $C = S$)，其中种子节点 v 与社区 C 具有连接边最多且连接强度最大的特点。该方法给出了社区成员的选择标准，基本定义如下。

1) 选择标准

Mehler 等[13] 提议为图中的每个节点指定一个分数，并选择最高得分的外部节点加入社区。分数分配标准如下。

(1) 邻居数：在社区 C 中种子节点 v 的邻居数量。

(2) 并置数：在计算 C 中 v 的邻居数时考虑边的权重。

(3) 邻居比率：归一化节点的度并计算 C 中度归一化的邻居。

(4) 并置比率：在计算邻居比率时考虑边的权重。

(5) 二项式概率：给定其邻居数，计算 v 在 C 中的二项式概率。

2) 停止规则

Mehler 等[13] 提出保留一部分种子节点作为验证成员，然后在扩展过程中监控这些验证成员融入社区的频率。在第一阶段，当高精度地识别社区成员时，希望添加一个新的验证成员，其频率等于验证集所包含的社区分数。在离开邻域的自然边界之后，希望根据验证成员在整个图中的频率重新发现它们。因此，可以找到将验证间隔 [即第 i 个和第 $(i-1)$ 个验证成员的发现时间差] 最好地分成两组的停止点。

不同于 Mehler 等[13] 提出的停止规则，Kloumann 等[7] 给出了新的停止规则。Kloumann 等[7] 模拟一个场景，研究人员知道社区中的成员个数为 k，因此从选择算法中选择前 k 个结果作为预测社区返回。换言之，可以选择一个简单的猜测数等于中心值大小的停止准则，如在 $C_{3/4}^{600}$ 上固定 $k=m^{3/4}$，并根据选择算法将预测结果 P 记录为前 k 个节点。这种停止规则存在对 k 取值不敏感的局限性。

2. 多尺度社区挖掘

领域扩展方法也被扩展到多尺度社区搜索中，其思想是获得起始节点一个较小的局部社区和一个更大的社区，以小社区为核心，基于多尺度度量函数，采用领域扩展的策略挖掘以大社区为边界的多社区。在利用邻域扩展思想的多尺度方法中，本部分主要介绍 Luo 等[14] 的工作。Luo 等[14] 设计了局部模块度 LQ，定义如下：

$$\mathrm{LQ}=\frac{e_c}{S}-\left(\frac{d_c}{2S}\right)^2 \tag{5.16}$$

式中，e_c 为局部社区 C 中的内部边数；d_c 为局部社区 C 中节点的度和；S 为与局部社区 C 中节点关联的边的数量。

Lou 等[14] 提出的多尺度局部社区搜索方法，一个是基于 C 的扩展，从邻居节点集 N 中抽取节点加入 C 中，因此实现 C 的延伸；另一个是基于 LC 的扩展，将新加入 C 中的节点集合，并入 LC 以完成 LC 的延伸。值得注意的是，在第一个关键步骤中，引入参数调整来控制下一步具体的扩展方法，这部分是实现多尺度社区搜索的关键步骤。如果调整取值为“否”，则局部社区 C 将以与现有基于优化模块度扩展算法类似的通用方式进行扩展。相反，如果调整取值为“是”，则局部社区 C 将放宽向 C 添加节点的阈值，然后以普通方式扩展 C。

放宽添加节点阈值的策略：节点能否加入到局部社区中，与已知边的数目有关。对于节点 v 和局部社区 C，节点 v 可以添加到 C 的条件是 $\Delta\mathrm{LQ}_C=\mathrm{LQ}'_C-\mathrm{LQ}_C\geqslant 0$，其中 LQ_C 是 C 的局部模块度，LQ'_C 是 C' 的局部模块度，$C'=C\cup\{v\}$，即

$$(e_c+I_v)/S-[(d_c+d_v)/(2S)]^2\geqslant e_c/S-[d_c/(2S)]^2 \tag{5.17}$$

式中，e_c 为 C 中的内部边数；d_c 为 C 中节点的度和；d_v 为 v 的度；I_v 为 C 中 v 的邻域数；S 为展开 C 所需的边数。这里，为了估计展开所需的 S，S 的意义是网络中的边数。因此，有

$$S\geqslant\frac{2d_cd_v+d_v^2}{4I_v} \tag{5.18}$$

假设 v_i 可以最大化 $\Delta\mathrm{LQ}_C$，但不满足 $\Delta\mathrm{LQ}_C\geqslant 0$。理论上，根据式 (5.18)，当 S 设为 $\left(2d_cd_{v_i}+d_{v_i}^2\right)/(4I_{v_i})$ 时，由于 $\Delta\mathrm{LQ}_C$=0，v_i 可以添加到 C 中。然而，由于浮点精度误差，有时 $\Delta\mathrm{LQ}_C$ 略小于零。为了避免浮点精度错误，可以临时更新。

$$S=\frac{2d_cd_{v_i}+d_{v_i}^2}{4I_{v_i}}+1 \tag{5.19}$$

随后满足条件 $\Delta\mathrm{LQ}_C\geqslant 0$，通过在 C 中添加节点 v_i 来扩展局部社区 C。

利用以上放宽阈值的策略即可实现多尺度社区搜索任务。这种方法的实质是通过可变的多尺度社区质量评价指标，通过邻域扩展的方法纳入节点，以实现高质量的多尺度社区挖掘。这是一个有趣和有用的研究领域，有待研究人员在未来进一步探索。

5.3.3 基于谱子空间的社区搜索模型

局部谱方法是一种新兴的局部社区检测技术，受到一定程度的关注。根据标准谱聚类方法，局部谱方法可以通过种子集局部特征挖掘种子集的局部社区结构。从不同的种子集出发，局部谱方法能够用来检测重叠社区，其中的代表性工作为 He 等[15] 提出的一种基于局部谱扩散的局部社区检测算法。该算法运用线性规划的方法寻找局部谱空间中以种子集为支撑的稀疏向量，从而达到社区检测的目的。

考虑从已知种子成员开始的短随机游走和近似前 d 个特征向量去表征围绕在种子节点周围的局部社区结构。设 $\boldsymbol{p}^{(t)}$ 为一个列向量，每个元素为在 t 步的概率

质量（离散型随机变量所在特定取值上的概率），并计算局部近似不变子空间的一组基。

(1) 初始概率 $\boldsymbol{p}^{(1)}$ 设置为种子位置，其值为种子个数的倒数，其他位置为 0 的列向量。

(2) 随机游走的 $(d-1)$ 步为 $\boldsymbol{N}_{rw}^{\mathrm{T}}\boldsymbol{p}^{(t)}=\boldsymbol{p}^{(t+1)}$，利用其得到连续概率向量 d 张成的空间，并且找到它们的正交基 $\boldsymbol{V}_d^{(0)}$，$\boldsymbol{V}_d^{(0)}$ 为初始的近似不变子空间：

$$\boldsymbol{V}_d^{(0)}=\mathrm{orth}([\boldsymbol{p}^{(1)},\boldsymbol{p}^{(2)},\cdots,\boldsymbol{p}^{(d)}]) \tag{5.20}$$

(3) 进行 k 步随机游走，并使用接下来对于子空间迭代的递归来找到正交基 $\boldsymbol{V}_d^{(k)}$。

$$\boldsymbol{V}_d^{(k)}=\mathrm{orth}(\boldsymbol{N}_{rw}^{\mathrm{T}}\boldsymbol{V}_d^{(k-1)}) \tag{5.21}$$

子空间维数 d 和短随机游走步数 k 是通过经验设置的合适的参数，正交基 $\boldsymbol{V}_d^{(k)}$ 称为局部谱，通过基张成的子空间称为局部谱子空间。

通过局部谱子空间，对于给定查询节点的社区搜索被定义成以下的线性规划问题求解。

$$\begin{aligned}
&\min|\boldsymbol{y}|_1=\sum_{i=1}^{n}y_i\\
&\text{s.t.}\quad ①\exists\boldsymbol{x},\boldsymbol{y}=\boldsymbol{V}_d^{(k)}\boldsymbol{x}\\
&\qquad\ \ ②\boldsymbol{y}\geqslant 0\\
&\qquad\ \ ③\boldsymbol{s}^{\mathrm{T}}\boldsymbol{y}\geqslant 1
\end{aligned} \tag{5.22}$$

约束①要求 $\boldsymbol{y}$ 是张成的，可被改写为 $[\boldsymbol{V}_d^{(k)},-\boldsymbol{I}]\begin{bmatrix}\boldsymbol{x}\\ \boldsymbol{y}\end{bmatrix}=0$；约束②要求 $\boldsymbol{y}\geqslant 0$，其中 y_i 表示节点 i 属于目标社区的似然；约束③强制种子在稀疏向量 $\boldsymbol{y}$ 的支持下，其中 $\boldsymbol{s}$ 是种子集的指示向量。

线性规划问题的解 $\boldsymbol{y}$ 为查询节点所在社区成员的隶属情况。随着局部谱子空间被研究人员广泛关注，基于谱子空间的社区搜索模型不断被提出。He 等[16] 对于上述工作进一步展开，其在 Krylov 子空间近似的基础上，定义了包含种子邻域的子图的“近似特征向量”，并描述了如何从这些近似中提取社区特征向量，利用不同的种子集生成不同的子空间，该方法能够找到查询节点所在的重叠社区。此外，He 等[16]还设计了四种不同扩散速度下的变体，以优化该方法性能。

现有的基于局部谱的社区搜索方法在初期多对大型图采用不同的采样策略，以获得相对较小的子图，随后利用谱技术挖掘查询节点所在的局部社区。如何在不采样情况下设计高效的基于局部谱的社区搜索方法是研究人员需要继续探索的一个方向。

5.4　基于异构图的社区搜索模型

5.2 节和 5.3 节讨论了简单图上的社区搜索模型，这类社区搜索模型仅处理单种类型的节点和边。然而，真实网络中可能包含多种类型的节点及多种语义信息的边，如由科学家和论文组成的二分网络。这类含有丰富语义信息和节点类型的图被称为异构图。随着网络中节点类型和边类型多样性的增加，面向异构图的社区搜索模型逐渐受到研究人员的广泛关注。解决异构网络上社区搜索任务的直观想法是仅提取异构网络中每个节点类的投影，随后采用标准社区搜索技术获取用户感兴趣的社区。例如，从科学家和论文的二分网络中仅提取由科学家组成的网络，然后采用不同的社区搜索技术挖掘给定科学家所在的社区。然而，这种处理方式不可避免地会丢失许多信息，因此需要设计特定的方法来解决异构网络上的社区搜索任务。本节将介绍现有的基于异构图的社区搜索模型。

5.4.1　异构图简介

异构图（或异质信息网络）是由不同类型的节点和边组成的数据结构。例如，在一个医疗网络中，节点可以是病人、医生、医疗测试、疾病、药物、医院、治疗方案等。如果将异构图直接视作同质图会存在两方面问题：一方面，将所有节点视为同一类型可能会遗漏重要的语义信息；另一方面，将每个节点作为不同的类型来处理，可能会忽略整体情况。这种多类型的对象相互联系会形成复杂、异构但往往是半结构化的信息网络，这为社区建模和搜索带来了新的机遇和挑战。

异质信息网络 (heterogeneous informations networks, HINs) 是指具有多个类型对象和多个表示不同语义关系类型链接的网络[17]。这些图数据源普遍存在于各个领域，包括书目信息网络、社交媒体和知识图谱。下面介绍异质信息网络相关定义。

定义 5.10（异质信息网络）　*给定一个异质信息网络 $G = (V, E)$，存在一个节点类型映射函数 $\psi : V \to A$ 和一个边类型映射函数 $\eta : E \to R$ 的有向图，其中每一个节点 $v \in V$ 满足 $\psi(v) \in A$ 且每一条边（或称为关系）$e \in E$ 满足 $\eta(e) \in R$。*

图 5.11 为 DBLP 网络架构的一个异质信息网络案例，其有四种类型的实体（即作者、论文、期刊和研究领域）及不同类型实体之间的关系。图 5.11(a) 由六位作者 (即 $a_1, \cdots, a_6$)、六篇论文 (即 $p_1, \cdots, p_6$)、一个期刊 (即 v_1) 及两个研究领域 (即 t_1 和 t_2) 组成。有向边表示不同类型节点间的语义关系。例如，作者 a_1 和 a_2 共同撰写了一篇研究领域为 t_1 的论文 p_1，并在期刊 v_1 中发表。图 5.11(b) 为 DBLP 网络的模式图，其中节点 A、P、V、T 分别表示作者、论文、期刊和研究领域。

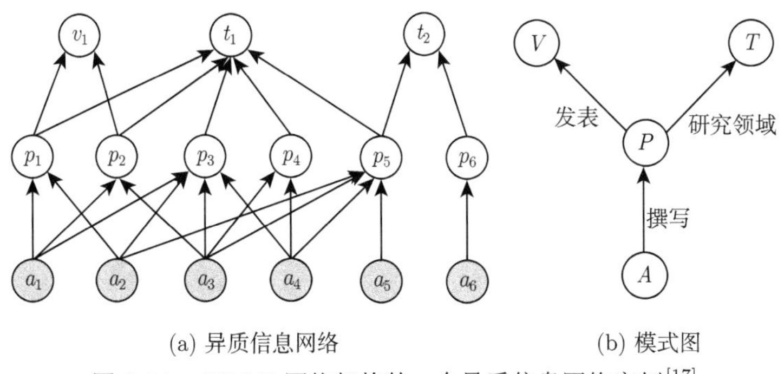

(a) 异质信息网络　　(b) 模式图

图 5.11　DBLP 网络架构的一个异质信息网络案例[17]

5.4.2　面向异质信息网络的社区搜索模型

目前，从事异质信息网络上的社区搜索研究主要集中在 Fang 等[17] 的工作，该工作第一次给出异质信息网络上社区搜索问题的定义和解决方案。下面将从其研究成果展开，讨论异质信息网络上的社区搜索问题。

面向异质信息网络的社区搜索具有三个典型的优势：一是面向异质图的社区搜索方法可以找到不同类型的社区；二是查询可以个性化，即给定不同元路径会有不同的关系，通过为单个查询节点指定不同的元路径，可以获得具有不同语义关系的社区；三是可以在线评估查询。Fang 等[17] 已经研究了高效的查询算法，可以根据查询请求快速生成社区。

给定一个异质信息网络 G 和一个查询节点 $q(q \in G)$，异构图上的社区搜索目标是从包含 q 的 G 中找到一个社区或一组节点，其中所有节点与 q 的节点类型相同，并且它们密切相关。特别地，社区满足基于元路径的凝聚力 (即其节点通过特定的元路径实例密切连接)。元路径被定义为在给定两种节点类型之间的节点类型和边类型的序列。在图 5.12(a) 中，在作者 (A) 和论文 (P) 上定义的元路径 p_1 描述了两位具有合作关系的作者。在图 5.12(b) 中，作者 $\{a_1, a_2, a_3, a_4\}$ 形成了一个凝聚的社区，其中每对作者都可以通过 p_1 的元路径实例进行连接。

为了完成异构信息网络上的社区搜索任务，有两个关键问题亟待解决：

(1) 如何连接两个相同类型的节点？

(2) 如何衡量社区的凝聚力？

对于第一个问题，因为相同类型的节点在 HINs 中可能不会直接连接 (如 DBLP 网络中的会议)。为了连接节点，采用了众所周知的元路径概念 [如图 5.12(a) 中的元路径 p_1]。

对于第二个问题，现有社区搜索的解决方案通常采用常用的度量标准，如最小度 (minimum degree)、k-truss 和 k-clique 用以测量社区凝聚力。其中，最小度是最常用的度量标准之一，它可以确保每个节点都很好地融入社区，即在社区

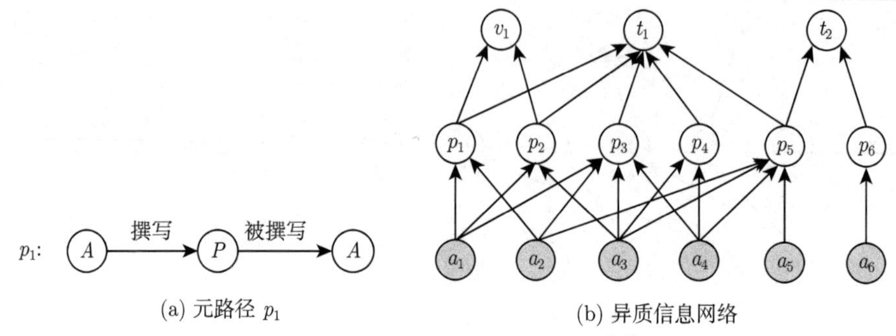

(a) 元路径 p_1　　(b) 异质信息网络

图 5.12　元路径和异质信息网络[17]

中每个节点至少有 k 个邻居。在异构图社区搜索任务中，研究人员将这一指标扩展到 HINs。也就是说，对于社区 C 的每个节点 v，在 C 内至少有 k 个其他节点可以通过特定元路径 p 的实例连接到 v。要应对这种查询，一种简单的解决方案是构建一个同质图 G_p，如果在节点对之间存在元路径 p 的实例，则通过连接节点对来构建边，然后运行现有的社区搜索解决方案。

尽管上述方法很简便，但可能会使得某些节点难以参与到社区的构建中。此外，将 HINs 转换为同质图可能没有意义，因为这种操作可能会引起高度数（即某些节点的度数过高）和高聚类系数（即某些节点的聚类倾向过高）的问题。因此，将传统的结构内聚指标改进并运用到异质信息网络中成为解决异质信息网络社区搜索中必不可少的一环。Fang 等[17]成功实现了这个目标，其改进后的内聚指标可以有效地衡量社区的内聚性。

假设 p 是连接两个具有目标类型节点的元路径。给定一个节点 v 和一个携带目标类型的节点集 S，定义 $\alpha(v,S)$，集合 S 中 v 的基于元路径 p 的邻居数称为 basic-degree (简称为 b-degree)。基于 b-degree 的概念，basic(k, p)-core 模型如下。

定义 5.11(basic(k, p)-core)　给定一个异质信息网络 G 和一个整数 k，异质图 G 的 basic(k, p)-core 是一个最大的元路径连接的节点集合 $B_{k,p}$，满足 $\forall v \in B_{k,p}, \alpha(v, B_{k,p}) \geqslant k$。其中，$B_{k,p}$ 的节点是通过元路径 p 连接的类型。

定义 5.12(edge-disjoint (k,p)-core)　给定一个异质图 G 和一个整数 k，异质图 G 的 edge-disjoint(k, p)-core 是一个最大的 p-connected 节点的集合 $E_{k,p}$，满足 $\forall v \in B_{k,p}, \beta(v, B_{k,p}) \geqslant k$ [$\beta(v, B_{k,p})$ 在下文中的定理 5.1 说明]，其中 $E_{k,p}$ 的节点具有通过元路径 p 连接的类型。

定义 5.13(vertex-disjoint (k, p)-core)　给定一个异质图 G 和一个整数 k，异质图 G 的 vertex-disjoint(k, p)-core 是一个最大的 p-connected 节点的集合 $V_{k,p}$，满足 $\forall v \in V_{k,p}, \gamma(v, V_{k,p}) \geqslant k$，其中 $V_{k,p}$ 的节点具有通过元路径 p 连接的

类型。

异质信息网络社区搜索 (community search over HINs, CSH) 问题：给定一个异质图 G，一个查询节点 q，一条对称的元路径 p，一个整数 $k(k>0)$ 和一个特殊的 (k, p)-core 模型，返回包含 q 的对应的 (k, p)-core。

首先介绍针对 basic (k, p)-cores 的两种查询算法，包括基本算法和高级算法。

基本算法首先构建一个诱导同质图 G_p，然后从 G_p 返回包含 q 的连通 k-core。具体来说，它包括三个步骤：

(1) 收集具有目标类型的所有节点的集合 S。

(2) 对于每个节点 $v \in S$，枚举以 v 开头的元路径 p 的所有路径实例的集合 $\psi(v)$，并利用 $\psi(v)$ 在节点 v 及其每个基于 p 邻居之间增加一条边。

(3) 找到包含 q 的连通 k-core。

但是，因为步骤 (2)，此算法对于大型 HINs 上的长元路径的存储空间非常庞大并且 $\psi(v)$ 的大小可能成指数增长，即 $O(nl)$，其中 n 是在 p 中具有某类节点的最大节点数，l 是 p 的长度。为了对步骤 (2) 进行加速，提出了批量搜索策略。代替枚举所有路径实例，将 p 分解为边的列表，并以批处理方式为每个边找到匹配的节点。改进算法被称为 HomBCore。

HomBCore 的主要局限性在于必须为具有目标类型的所有节点建立一个诱导同质图 G_p，这是代价高且没必要的，主要有以下两点原因：其一，并非所有具有目标类型的节点都通过元路径 p 连接到 q；其二，需要为每个具有目标类型的节点查找所有基于 p 的邻居。为了解决这两个问题，提出了两种标记策略，即带标记的批量搜索策略和带标记的深度优先搜索策略。

(1) 带标记的批量搜索 (batch search with labelling, BSL) 策略：研究 BSL 策略是为了有效地找到所有基于 p 连接到 q 的节点。BSL 基于 HomBCore 中的批量搜索，但带有标记。例如，在图 5.13(a) 中，令 $q = a_1$，p=(APA)。通过使用 BSL，可以找到五位作者 $\{a_1, \cdots, a_5\}$。注意，作者 a_6 被排除在外，因为 a_6 没有基于 p 连接到 a_1。

(2) 带标记的深度优先搜索 (depth-first search with labelling, DSL) 策略：根据定义，$B_{k,p}$ 仅要求其每个节点具有最少 k 个基于元路径 p 的邻居。例如，现有的社区搜索研究所示，k 通常不是很大。基于这种观察，提出为每个节点动态维护多达 k 个基于 p 的邻居。具体来说，首先为每个节点找到最多 k 个 p 邻居，然后迭代地删除不满足 k 约束的节点。由于删除节点 v 会移除 v 的 p 邻居节点的 p 邻居，因此需要为 v 的 p 邻居递增地提供新的 p 邻居。为了逐步找到这些 p 邻居，提出了 DSL 策略。

基于 BSL 策略和 DSL 策略，提出一种高级算法，即 FastBCore，由于过程较复杂，读者若感兴趣可以阅读文献 [17]。

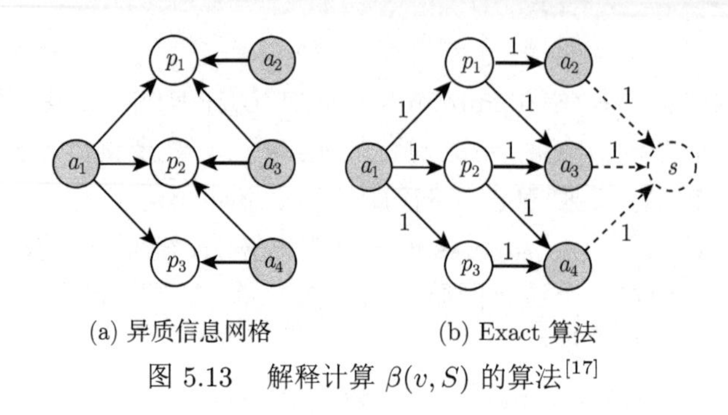

(a) 异质信息网格　　　(b) Exact 算法

图 5.13　解释计算 $\beta(v, S)$ 的算法[17]

Fang 等[17] 给出了一种基于最大流 (max-flow) 算法的精确算法，用于计算 $\beta(v, S)$，称为 Exact 算法。该算法首先构建一个具有 $(l+1)$ 个部分的多部图 [multipartite graph, 也称 $(l+1)$-部图]，然后用 $(l+1)$-部图来得到流网络 (flow network)。在多部图中，第 i 个分区包含 p 的路径实例中的所有第 i 个节点，并且从第 i 个分区中的节点到第 $(i+1)$ 个分区中节点的边是 p 的所有路径实例中的第 i 条边。要构建流网络，首先获得所有从 v 开始到结束节点在 S 中的路径实例，然后构建多部图。接下来，假设 v 是源节点（在第一个分区中），创建一个宿节点 s 并将第 $(l+1)$ 个分区的每个节点连接到 s。最后，为每个边增加 1 的容量。用 EBuilder 表示上述流网络构建方法。

定理 5.1　给定一个节点 v 和一个由 EBuilder 建立的流网络 $F=(V_F, E_F)$，$\beta(v, S)$ 等于 F 中从源 (source) 节点到宿 (sink) 节点的最大流量。

例 5.3　在图 5.13(a) 中，假设 $v=a_1$，p=(PAP)，并且 $S=\{a_1, a_2, a_3, a_4\}$。a_1 的流网络如图 5.13(b) 所示。最大流量的容量为 3，因此 $\beta(v, S)=3$。

通过定理 5.1，可以使用任何现有的最大流算法来计算 $\beta(v, S)$。目前常用的有两种方法，即 Ford-Fulkerson 方法[18] 和 Orlin 方法[19]。

下面介绍如何计算 $\gamma(v, S)$。为了计算 $\gamma(v, S)$，通过对精确算法 Exact 略微修改流网络即可构建新的流网络。具体而言，通过 EBuilder 构建一个流网络 $F=(V_F, E_F)$ 之后，对于源节点和宿节点之间的每个中间节点 $g \in F$，将其拆分为两个节点 $g+$ 和 $g-$，将 g 的入边连接到 $g+$，$g-$ 连接到 g 的出边，$g+$ 连接到 $g-$，其容量设置为 1。用 VBuilder 表示此流网络构建方法。容易观察到，$\gamma(v, S)$ 等于修改后网络中最大流的容量。通过例 5.4 对此进行说明。

例 5.4　重新考虑例 5.3，其中 EBuilder 构建的流网络在图 5.13(b) 中。通过 VBuilder，可以得到如图 5.14 所示的新流网络，并且 $\gamma(a_1, S)=3$。

以上内容总结了 Fang 等[17] 定义的异构图上的社区搜索。Fang 等[17] 定义的异构图上的社区搜索旨在找到节点类型相同的社区。在此基础上，包含不同类型节点的社区搜索问题也被 Jian 等[20] 提出。下面以 Jian 等[20] 的工作为例介绍这

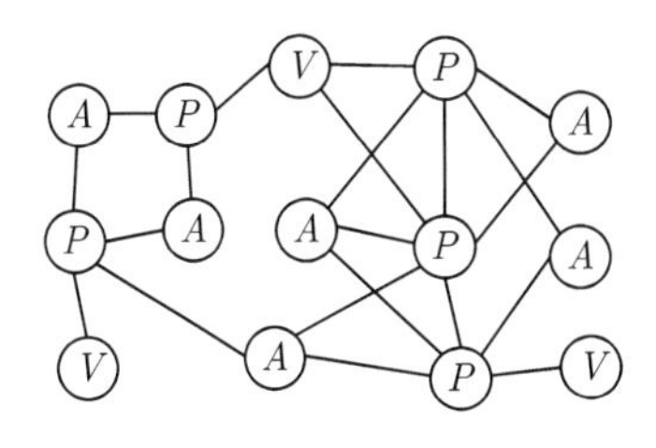

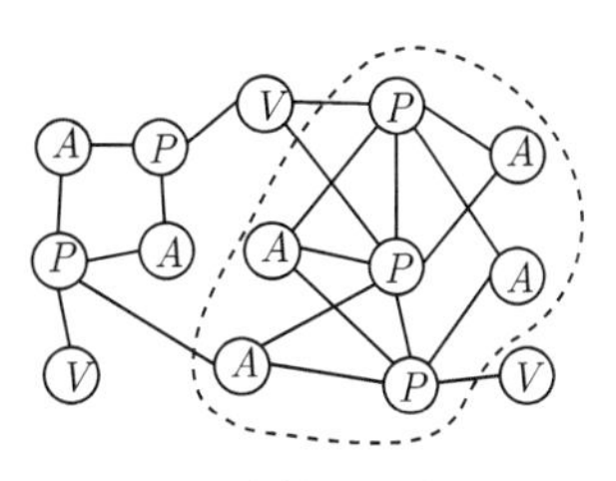

(a) 文献合著网络 G　　(b) G 中的基准社区

图 5.14　文献合著网络案例[20]

种问题和相应的解决思路。

如图 5.14(a) 中的文献合著网络示例所示，想找到一个由作者和论文组成的社区，使得该社区中的每位作者至少发表 2 篇论文，并且该社区中的每篇论文至少由社区中三位作者共同撰写。该任务的一个基准社区如图 5.14(b) 所示。但是，现有模型无法很好地完成此任务。

在介绍 Jian 等[20] 的工作中，将 HINs 建模为无向图，L_G 表示标签集，V_G 表示节点集。函数 ϕ：$V_G \to L_G$ 为每个节点 v 分配一个标签 $\phi(v)$。对于节点 v，将其邻居定义为其相邻节点，即 $\mathcal{N}(v) = \{u|(v,u) \in E_G\}$，其度 $d_v = |\mathcal{N}(v)|$。更精确地，$\mathcal{N}_G(v,l)$ 表示节点 v 的标签为 l 的邻居，即 $\mathcal{N}_G(v,l) = \{u|(v,u) \in E_G, \phi(u) = l\}$。

使用关系约束测试节点是否属于社区，一个约束 s 是一个三元组 $\langle l_1, l_2, k\rangle$，其中 $l_1, l_2 \in L_G$，$k \geqslant 1$。这意味着“每个带有 l_1 的节点必须至少有 k 个带有 l_2 的邻居”。换句话说，给定任何图 G'，如果满足以下任意条件，则节点 v 满足 $s = \langle l_1, l_2, k\rangle$:

(1) $\phi(v) \neq l_1$。

(2) $N_{G'}(v, l_2) \geqslant k$。

用户可以使用一组约束 S=$\{s_1, s_2, \cdots, s_t\}$，以指定不同类型节点的复合要求。该约束控制社区的结构，因此称为社区模式。与 S 一起，用户还隐式定义了一个相关的标签集 L_S，其中包含 S 中出现的所有标签，即

$$L_S = \{l| < l,\ l', k > \in S \text{ or } < l',\ l, k > \in S\} \tag{5.23}$$

总之，给定图 G 和模式 S，如果 $\varphi(v) \in L_S$ 且 v 满足 S 中的所有约束，就表示节点 v 是合格的；否则，v 是不合格的。如果每个节点相对于 S 都是合格的，那么 G 是一个关系社区 (relationship-community, r-com)。

定义 5.14(关系社区)　给定模式 S 和 L_S，连通图 R 是一个关系社区，且仅当 $\forall v \in V_R$ 满足以下两个条件:

(1) $\varphi(v) \in L_S$。

(2) v 满足 S 中的所有约束。

定义 5.15(局部关系社区检测) 给定图 G、L_S 和 S，找到 $H_i \subseteq V_G$ 的所有子集，满足：

(1) $G[H_i]$ 是一个关系社区。

(2) H_i 是最大的，即 $\forall V' \subseteq V_G$ 并且 $V' \cap H_i \neq V'$，$G[H_i \cup V']$ 不是一个关系社区。

定义 5.16(最小关系社区搜索) 给定图 G、L_S 和 S，和一个查询节点 q，找到 $H \subseteq V_G$，使得：

(1) $q \in H$。

(2) $G[H]$ 是一个关系社区。

(3) $|H|$ 是最小的。

k-core 是 r-com 在同质网络中的特殊化，可将同质网络视为所有节点具有相同类型的 HINs。在这种情况下，用户只能在模式中指定一个关系约束，即 $\langle l_0, l_0, k\rangle$。$\langle l_0, l_0, k\rangle$ 要求 r-com 中的每个节点至少有 k 个邻居，因此这样的 r-com 恰好成为 k-core。

Jian 等[20] 提出了朴素和消息传递两种方法来实现局部关系社区检测 (local relationship community detection, LRCD)，以下分别简单介绍这两种方法。

1) 朴素方法

解决 LRCD 问题的一个简单方法是迭代地删除不合格节点。删除这些节点后，某些原始合格的节点可能会由于邻居的变化而变得不合格。通过反复删除，最终得到一个图，其中所有节点均合格，并且每个连通分量均为最大 r-com。

2) 消息传递方法

朴素方法的一个局限性是其总会检查每轮中的每个节点，即使是在没必要的情况下。例如，考虑第 i 轮中的合格节点 v，如果在第 i 轮中没有移除 v 的邻居，将立即知道 v 在第 $(i+1)$ 轮中仍是合格节点，这是因为 $N_G(v)$ 不变。在这种情况下，可以在枚举和检查节点时传递 v，从而节省了运行时间。另外，如果 v 的邻居 u 中的一个被删除，知道 v 在下一轮可能不合格，因此需要检查。

由于最小关系社区搜索 (minimum relationship community search, MRCS) 是 NP 难题，因此不太可能准确有效地解决。下面简要介绍两种近似多项式时间方法，即贪心方法和局部搜索方法。

1) 贪心方法

精确方法的局限性在于其指数复杂性。当图很大时，查找精确结果是不切实际的，而在多项式时间内获得的近似结果是比较经济的。Jian 等[20] 提出一个贪心方法，是对精确解的简单修改。直觉上，除了全局最小化 R 的大小外，仅在每步中选择局部最小值仍会得到一个好的解。由于不需要在每个步骤中尝试所有选择，因此运行时间将大大减少。贪心方法的大致思想为迭代地从 r-com 中删除最大的节点组，当没有节点组可以删除时，将找到一个最小的 r-com 并作为结果返回。

2) 局部搜索方法

局部搜索方法仅读取整个图的必要部分。直观上，从节点集 $Q = \{q\}$ 开始，逐步将节点添加到 Q 中，直到包含 q 的 r-com R 出现在 $G[Q]$ 中。然后，返回 R 内的最小 r-com。如果可行的解决方案恰好位于查询节点 q 周围的区域中，则该方法可以很快找到它。

逐步将节点添加到 Q 中时，添加节点的顺序决定了能够多快找到答案。一种行之有效的方法是维护一个候选集,其中每个节点都是 Q 中节点的邻居,并且始终选择优先级最高的节点作为下一个要添加的节点。节点 v 的优先级定义为

$$\mathrm{pri}(v) = \frac{N_G(v) \cap Q}{\mathrm{dist}(v)} \tag{5.24}$$

该优先级功能可以平衡搜索深度（不重要）和节点连通性（重要），直觉是想要找到接近 q 且紧密连接的节点。在将节点添加到 Q 之后，将其所有邻居添加到候选集中。

5.5 本章小结

本章主要介绍了拓扑图上的社区搜索方法。首先，介绍了用于定义社区内聚性的内聚子图 (如 k-core、k-truss、k-clique 等)；其次，简要描述了基于优化评价指标的社区搜索模型；再次，给出了几种其他被广泛应用的社区搜索模型，如基于随机游走及其变种的社区搜索模型、基于邻域扩展的社区搜索模型和基于谱子空间的社区搜索模型；最后，介绍了定义在异构图上的社区搜索方法。

参考文献

[1] FANG Y, HUANG X, QIN L, et al. A survey of community search over big graphs[J]. The International Journal on Very Large Data Bases, 2020, 29(1): 353-392.

[2] SOZIO M, GIONIS A. The community-search problem and how to plan a successful cocktail party[C]. The 16th ACM SIGKDD International Conference on Knowledge Discovery and Data Mining, Washington D C, USA, 2010: 939-948.

[3] HUANG X, CHENG H, QIN L, et al. Querying k-truss community in large and dynamic graphs[C]. The 2014 ACM SIGMOD International Conference on Management of Data, New York, USA, 2014: 1311-1322.

[4] CLAUSET A. Finding local community structure in networks[J]. Physical Review E, 2005, 72(2): 026132.

[5] LUO W, LU N, NI L, et al. Local community detection by the nearest nodes with greater centrality[J]. Information Sciences, 2020, 517: 377-392.

[6] WU Y, JIN R, LI J, et al. Robust local community detection: On free rider effect and its elimination[J]. Proceedings of the VLDB Endowment, 2015, 8(7): 798-809.

[7] KLOUMANN I M, KLEINBERG J M. Community membership identification from small seed sets[C]. The 20th ACM SIGKDD International Conference on Knowledge Discovery and Data Mining, New York, USA, 2014: 1366-1375.

[8] BIAN Y, LUO D, YAN Y, et al. Memory-based random walk for multi-query local community detection[J]. Knowledge and Information Systems, 2020, 62(5): 2067-2101.

[9] TONG H, FALOUTSOS C, PAN J Y. Fast random walk with restart and its applications[C]. The 6th IEEE International Conference on Data Mining, Hong Kong, China, 2006: 613-622.

[10] JUNG J, JIN W, KANG U. Random walk-based ranking in signed social networks: Model and Algorithms[J]. Knowledge and Information Systems, 2020, 62(2): 571-610.

[11] YAN Y, LUO D, NI J, et al. Local graph clustering by multi-network random walk with restart[C]. Advances in Knowledge Discovery and Data Mining - 22nd Pacific-Asia Conference, Melbourne, Australia, 2018: 490-501.

[12] BIAN Y, HUAN J, DOU D, et al. Rethinking local community detection: Query nodes replacement[C]. The 20th IEEE International Conference on Data Mining, Sorrento, Italy, 2020: 930-935.

[13] MEHLER A, SKIENA S. Expanding network communities from representative examples[J]. ACM Transactions on Knowledge Discovery from Data, 2009, 3(2): 1-27.

[14] LUO W, ZHANG D, NI L, et al. Multiscale local community detection in social networks[J]. IEEE Transactions on Knowledge and Data Engineering, 2019, 33(3): 1102-1112.

[15] HE K, SUN Y, BINDEL D, et al. Detecting overlapping communities from local spectral subspaces[C]. IEEE International Conference on Data Mining, Atlantic, USA, 2015: 769-774.

[16] HE K, SHI P, BINDEL D, et al. Krylov subspace approximation for local community detection in large networks[J]. ACM Transactions on Knowledge Discovery from Data, 2019, 13(5): 1-30.

[17] FANG Y, YANG Y, ZHANG W, et al. Effective and efficient community search over large heterogeneous information networks[J]. Proceedings of the VLDB Endowment, 2020, 13(6): 854-867.

[18] CORMEN T H, LEISERSON C E, RIVEST R L, et al. Introduction to Algorithms[M]. Cambridge: Massachusetts Institute of Technology Press, 1994.

[19] ORLIN J B. Max flows in $O(nm)$ time, or better[C]. The 45th Annual ACM Symposium on Theory of Computing, Palo Alto, USA, 2013: 765-774.

[20] JIAN X, WANG Y, CHEN L. Effective and efficient relational community detection and search in large dynamic heterogeneous information networks[J]. Proceedings of the VLDB Endowment, 2020, 13(10): 1723-1736.

第 6 章　属性图上的社区搜索方法

随着网络中信息量的增加，图中不仅有描述结构关系的节点和边，还有描述节点特定特征的属性信息。属性信息提供了丰富且与节点高度相关的辅助内容信息，使得算法精确定位查询节点所聚焦的局部社区。面向属性图的社区搜索方法也因满足用户的个性化需求且切合实际场景而被广泛关注。

6.1　结合结构约束的属性社区搜索方法

研究人员设计了一系列面向属性图的社区搜索方法，其中结合结构约束 (即 k-core、k-truss、k-clique 等) 的属性社区搜索方法因可挖掘结构和属性内聚性高的社区而被深入研究。本节主要介绍属性图上结合结构约束的属性社区搜索方法。

6.1.1　基于 k-core 的属性社区搜索方法

设基于关键字的属性图被定义为无向图 G=(V, E)，V 表示节点集，E 表示边集。每个节点 $v \in V$ 与一组关键字 $W(v)$ 相关联。基于关键字的属性图在社交媒体、书目网络和知识图谱中很流行[1-3]。图 6.1 给出了关键字属性图，如节点 A 有一组关键字 $\{w, x, y\}$。

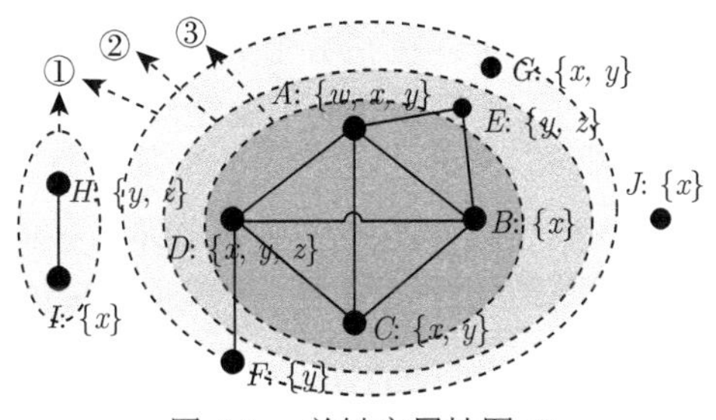

图 6.1　关键字属性图 G

定义 6.1(属性社区搜索 ACQ)　给定基于关键字的属性图 $G=(V,E)$，正整数 k，节点 $q \in V$ 和一组关键字 $S \subseteq W(q)$，返回 G 的子图集合 g，使得 $\forall G_q \in g$，以下约束成立。

(1) 连通性：G_q 连通并包含 q。

(2) 结构凝聚性：$\forall v \in G_q, \deg G_q \geqslant k$。

(3) 关键词凝聚性：$L(G_q,S)$ 的大小是最大的，其中 $L(G_q,S)=\bigcap_{v\in G_q}(W(v)\cap S)$ 是由 G_q 的所有节点在 S 中共享的关键字集合。

例 6.1 在图 6.1 中，如果 $q=A$，则 $k=2$ 且 $S=\{w,x,y\}$，ACQ (attributed community query) 的输出是由 $\{A,C,D\}$ 构成的社区，共享关键字集 $\{x,y\}$。社区的含义是这些节点共享关键字 x 和 y。

子图 G_q 被称为 q 的属性社区 (attributed community, AC)，$L(G_q,\ S)$ 是 G_q 的 AC 标签。在 ACQ 中，前两个约束确保了结构的内聚性。第三个约束是关于属性内聚的约束。由于它要求 $L(G_q,\ S)$ 是最大的，算法会因此返回属性相关度最大的节点 AC(s)。就常用关键字的数量而言，在图 6.1 中，如果使用相同的查询 ($q=A$，$k=2$，$S=\{w,x,y\}$)，没有“最大化”要求，可以获得如 $\{A,B,E\}$ 之类的社区 (不共享关键字)，$\{A,B,D\}$ 或 $\{A,B,C\}$(共享 1 个关键字)。注意，不存在 AC 标签完全是 $\{w,x,y\}$ 的属性社区。

ACQ 的两个突出特点如下介绍。

(1) 易于解释：AC 包含具有相似上下文或背景的连接密集的节点，因此 ACQ 用户可以关注这些节点的共同关键字或特征，即 AC 标签有助于理解 AC 节点的形成原因。

(2) 个性化：ACQ 的用户可以通过指定一组 S 关键字来控制 AC 的语义。直观地，S 根据用户的需要决定 AC 的含义。

由于上述两个突出的特点，ACQ 问题十分具有实用价值。ACQ 有三个步骤：首先，枚举 $S,S_1,S_2,\cdots,S_{2^l-1}(l=|S|)$ 的 a 所有非空子集；其次，对于每个子集 $S_i(1\leqslant i\leqslant 2^l-1)$，检查是否存在满足前两个属性的子图；最后，输出具有最多共享关键字的子图。但是，由于存在指数个数的子集，对于大图来说是不切实际的。为了解决这个问题，利用观察到的反单调性，可以证明给定一组关键字 S，如果它出现在 AC 的每个节点中，那么对于 S 的每个子集 S'，存在一个 AC，其中每个节点包含 S'。基于该属性，可以将 S 扩展出许多子集，以设计更快的在线查询算法。

6.1.2 基于 k-truss 的属性社区搜索方法

与基于 k-core 的属性社区搜索方法相似，基于 k-truss 的属性社区搜索方法也是使用内聚子图确保社区的内聚性，然而从第 5 章的定义可以看出，k-truss 比 k-core 约束更加严格，k-truss 可以找到拓扑结构更紧密的社区，但这种内聚子图并不适用于所有的社区搜索问题，在一些稀疏的图上，过于严格的结构约束会导致算法返回空社区。下面简要介绍现有的一些经典的基于 k-truss 的属性社区搜索算法。

1. 关键字 k-truss 属性社区搜索

Huang 等[4]提出了一个由属性驱动的 truss 社区 (attribute truss community, ATC) 模型，旨在找到内部连接密集的社区，该社区包含查询节点且这些查询节点具有相似的查询属性。ATC 提出了 (k, d)-truss 和属性评分函数两个关键部分。

为了满足高内聚和低成本的要求，ATC 建立在称为 (k, d)-truss 的概念上。(k, d)-truss 要求每条边至少涉及 $(k-2)$ 个三角形，并且 H（算法定位的社区）的节点和查询节点之间的交互成本（即查询节点到 H 中的节点的最大，最短路径）不大于 d。通过定义，一个 (k, d)-truss 的内聚力随 k 增加，并且它与查询节点的接近度随着 d 的减小而增加。图 6.2(b) 是以 $V_q = \{q_1, q_2\}$ 为查询节点的 (4,2)-truss，其中 $k = 4$ 且 $d = 2$。

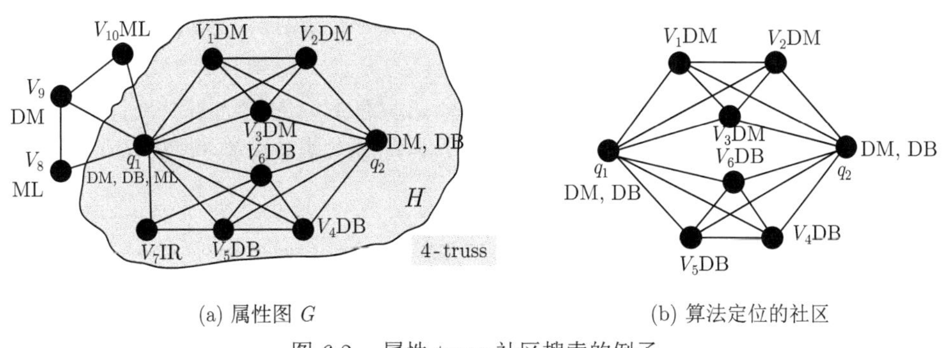

(a) 属性图 G　(b) 算法定位的社区

图 6.2　属性 truss 社区搜索的例子

从属性覆盖和相关性来衡量属性社区的优良程度，为 ATC 设计了一个属性得分函数。将 $f(H, W_q)$ 定义为社区 H 关于查询属性 W_q 的属性分数。令 $f(H, W_q) = \sum_{w \in W_q} \frac{\text{score}(H, w)^2}{|V(H)|}$，其中 $\text{score}(H, w) = |V_w \cap V(H)|$ 是覆盖查询属性 w 的节点数。函数 $f(H, W_q)$ 满足如下三个重要性质：

(1) H 的节点覆盖的查询属性越多，$f(H, W_q)$ 的得分越高。

(2) 包含属性 $w \in W_q$ 的节点越多，w 对总分 $f(H, W_q)$ 的贡献越大。

(3) 与查询无关的 H 的节点越多，得分 $f(H, W_q)$ 越低。

在一个社区中，社区中对查询属性共享的节点越多，它的属性分数值就越高。例 6.2 给出了具体案例。

例 6.2　考虑图 6.2(a) 所示的运行示例图上的查询种子 $Q = (\{q_1, q_2\}, \{\text{'DB'}, \text{'DM'}\})$，其中查询节点 $V_q = \{q_1, q_2\}$ 且查询属性 $W_q = \{\text{'DB'}, \text{'DM'}\}$, k=4。直观来看，可以看到 H 有 5 个节点，每个节点覆盖 'DB' 和 'DM'，并且具有最高

的属性分数$\left[\text{即 } f(H,W_q)=\dfrac{5^2}{8}+\dfrac{5^2}{8}=6.25\right]$，这是属性 truss 社区。另外，$G$ 的诱导子图由节点 $\{q_1, q_2, v_1, v_2, v_3\}$ 和 $\{q_1, q_2, v_4, v_5, v_6\}$ 主要集中在一个区域 ('DB' 和 'DM')，得分为 5.8。

基于 (k, d)-truss 和 $f(H, W_q)$ 两个定义，Huang 等[4]研究了 ATC 问题。

定义 6.2(ATC 搜索) 给定图 G，查询种子 $Q=(V_q, W_q)$，以及两个正整数 k、d，返回属性 truss 社区 (ATC)H，满足以下性质：

(1) H 是含有 V_q 的 (k, d)-truss。

(2) H 在满足性质 (1) 的所有子图中具有最大属性得分 $f(H, W_q)$。

理论证明，ATC 搜索是 NP 难题[4]。为了有效地处理 ATC 查询，文献 [4] 提出了一种贪心算法的框架，用于以自上而下的搜索方式找到 ATC。该算法包括三个步骤：首先，将原始图 G 的最大 (k, d)-truss 作为候选；其次，迭代地从候选图中去除具有最小“属性边界增益”的节点，并将剩余图保持为 (k, d)-truss，直到删除任意节点都会导致不满足 (k, d)-truss 的要求，每次移除对属性得分函数 $f(H, W_q)$ 贡献最小的节点；最后，返回一个在所有生成的候选图中带有最大属性得分的 (k,d)-truss 作为结果。如果存在多个具有最大属性分数的 (k, d)-truss，则算法任意输出其中一个。

2. 加权 truss 属性社区搜索

基于关键字的属性图通常是通过二元值来表示节点与属性的关系，这种方法通常不能直接应用于加权的属性图。加权图自然存在于实际应用中。例如，在协作网络中，边权重可以表示两个作者之间合著文章的数量。考虑到边权值的影响，在加权图上进行社区搜索可以发现更多语义的社区。

考虑一个无向加权图 $G=(V, E, W)$，其中边 E 的权重由 $W(E) \in W$ 表示。图 6.3 给出了无向加权图 G，边权 $W(q, s_1)=0.8$。接下来简要介绍 Zheng 等[5]提出的加权 truss 社区 (weighted truss community, WTC) 模型。

定义 6.3(加权 truss 社区) 给定无向加权图 $G=(V, E, W)$ 和一个正整数 k，加权 k-truss 社区是诱导子图 $H \subseteq G$，使得以下性质成立。

(1) 连通性：$\forall e_1, e_2 \in E(H)$，在 H 中 e_1 和 e_2 是三角形连通的。

(2) 凝聚力：$\forall e \in E(H), \sup(e, H) \geqslant k-2$。

(3) 最大结构：H 是满足性质 (1) 和 (2) 的最大诱导子图。

在加权 k-truss 社区模型中，性质 (1) 采用与其他 k-truss 社区模型相同的三角连通约束[6]；性质 (2) 要求社区满足 k-truss 的结构；性质 (3) 可以保证加权 k-truss 社区中最大结构的属性。给定加权 truss 社区 H，H 的社区权重定义为 $w(H)=\min\limits_{e \in E(H)} w(\mathrm{e})$。

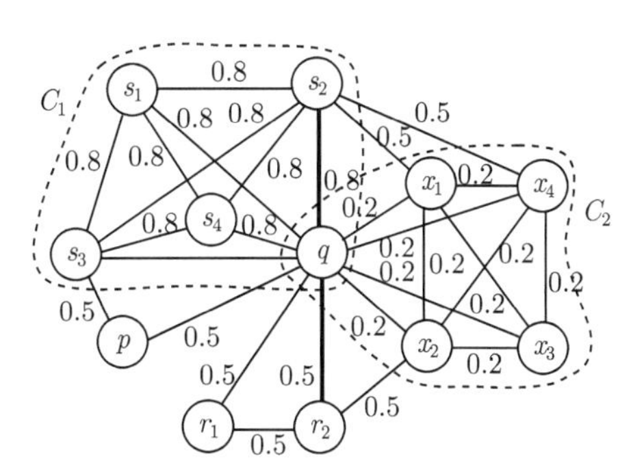

图 6.3　加权 truss 社区搜索案例

定义 6.4(WTC 搜索)　给定无向加权图 $G=(V, E, W)$，以及参数 k 和 r，找到具有最大权重 $w(H)$ 的前 r 个加权 k-truss 社区 H。

考虑图 6.3 中的加权图 G，$k = 5$，并且 $r = 1$。图 6.3 中所示的社区 C_1 具有权重 $w(C_1) = 0.8$，其大于社区 C_2 的权重因为 $w(C_2) = 0.2$。因此，C_1 是具有最大权重的 WTC 搜索的社区。

直接枚举所有加权 k-truss 社区以找出 r 个具有最大社区权重的社区在大图中是不切实际的。为了加快搜索效率，Zheng 等[5]设计了一种名为 KEP-Index 的索引结构。对于 k 的每个值，所有的加权 k-truss 社区都具有部分有序关系。通过在树结构中索引所有预先计算的加权 k-truss 社区，可以在关于解大小的线性时间中完成 WTC 搜索。

通常在属性图上，存在两种社区搜索的解决方案，分别着眼于关键字和权重。在基于 truss 的社区搜索任务中，往往设计索引会有效地降低社区搜索的时间复杂度。与此同时，应该在合适的问题中应用 truss 内聚子图，以避免无法找到合理的社区。

6.2　特定属性图上的社区搜索方法

现实世界中网络携带的属性信息种类繁多，其中不乏含有独特语义信息的属性图，如包含地理位置信息的属性图，属性之间存在嵌套关系的画像图等。基于这些特定的语义信息可以设置满足特殊需求的社区，寻找这些社区的方法成为近年来的研究热点。本节主要介绍面向画像图、面向时序图、面向地理社交图的属性社区搜索方法。

6.2.1　面向画像图的属性社区搜索方法

画像图本质上是一种属性图，每个图节点都与一组按层次结构排列的标签相关联，称为 p 树 (或 p-tree)。

例 6.3　图 6.4(a) 是一个画像图，它是一个计算机科学协作网络。每个节点代表一个研究人员，两个节点之间的链接表示这两个相应研究人员以前一起工作过。每个节点都与一个 p 树相关联，p 树描述了研究人员的专业知识。图 6.4(c) 是按照 ACM 计算分类系统 (computational classification system, CCS) 给出的 p 树中各词的含义，并在图 6.4(b) 中给出。例如，节点 B 表示研究领域为计算方法论 (computational methodology, CM)，对机器学习 (machine learning, ML) 和人工智能 (artificial intelligence, AI) 有特殊兴趣的研究人员。画像图包含丰富的信息，可以在各种图应用程序（如知识库、社会和协作网络）中定位信息来源。此外，画像图的 p 树系统地组织了与某个节点相关的标签（如知识库、所属关系、专业知识，以及社会和协作网络的位置中的层次和相关知识），反映了它们之间的语义关系。例如，在 p 树中，标签“London”可以是“United Kingdom”的子节点。

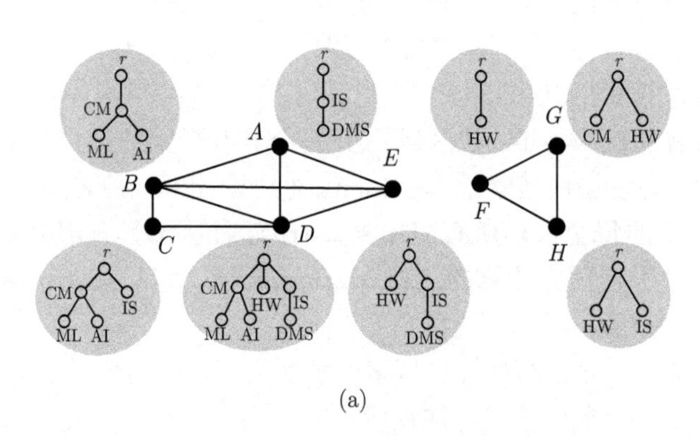

(a)

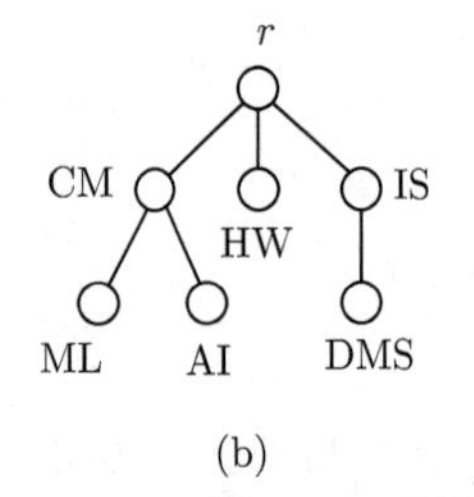

(b)

r	计算分类系统	CM	计算方法论
ML	机器学习	AI	人工智能
IS	信息管理	DMS	数据管理系统
HW	硬件		

(c)

图 6.4　画像图 (a)、CCS 的子树 (b) 以及节点和属性的对应关系 (c)

画像社区搜索 (profile community search, PCS)，其目的是在画像图中找到包含查询节点的画像社区 (profile community, PC)。在画像社区搜索问题中，最小度量为适应具体的应用场景可被内聚性度量代替，如 k-truss 和 k-clique。

PC 是一组紧密连接的节点，其 p 树具有最大程度的重叠。这个重叠部分是所有节点共享的最大公共子树。图 6.5(a) 显示了图 6.4 的画像图中的两个 PC，即 $\{B, C, D\}$ 和 $\{A, D, E\}$。图 6.5(b) 和 (c) 分别显示了两个 PC 及其最大公共子树。例如，在图 6.5(c) 中，节点 A、D 和 E 都拥有根节点为 r 和叶节点为“IS”和“DMS”的子树。值得注意的是，这三个节点也构成了 D 的 2-core，它们之间的公共子树是最大的。公共子树充分反映了社区的“主题”。图 6.5(b) 的 PC 中，所有参与的研究者都对机器学习和人工智能感兴趣。图 6.5(c) 中，所有的研究者都对信息系统和数据管理系统感兴趣。

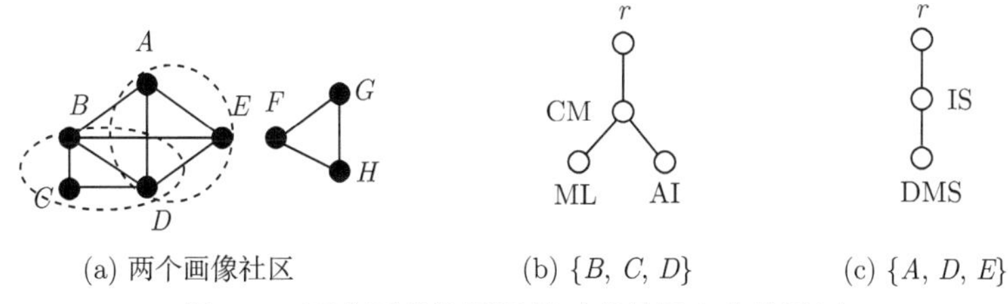

(a) 两个画像社区　(b) $\{B, C, D\}$　(c) $\{A, D, E\}$

图 6.5　两个画像社区及其对应的最大公共子树

Chen 等[7] 研究了画像图上的 PCS 问题。为了捕捉画像的相似性，引入了“最大公共子树”的概念以描述节点画像的共同特征。

定义 6.5(最大公共子树)　给定画像图 G，由 $M(G)$ 表示 G 的最大公共子树，满足如下性质：

(1) $\forall v \in G, M(G) \subseteq T(v)$。

(2) 没有其他公共子树 $M'(G)$，使得 $M(G) \subseteq M'(G)$。

定义 6.6(画像图社区搜索)　给定一个画像图 $G = (V, E)$，一个正整数 k，一个查询节点 $q \in G$，找到一组图 G，使得 $\forall G_q \in G$，满足以下性质。

(1) 连通性：G_q 连通且包含 q。

(2) 结构凝聚性：$\forall v \in G_q, \deg_{G_q}(v) \geqslant k$。

(3) 画像凝聚性：不存在其他 $G'_q \subseteq G$ 满足上述两个约束条件，使得 $M(G_q) \subseteq M(G'_q)$。

(4) 最大结构：不存在其他子图 G'_q 满足上述性质，使得 $G_q \subset G'_q$ 且 $M(G_q) \subseteq M(G'_q)$。

子图 G_q 被称为 PC。在 PCS 中，前两个性质保证了结构的内聚性。画像内聚性捕获了 G_q 中所有节点之间的最大共享画像。最大结构性质 (4) 旨在检索社区中所有合格的节点。

例 6.4　在图 6.5(a) 中，如果 $q = D$，$k = 2$，则在图 6.5(b) 和 (c) 中分别展示出两个 PC 及其最大公共子树。这两个共同的子树足以反映社区的“主题”。例如，在由节点 $\{B, C, D\}$ 分组的 PC 中，所有参与的研究人员都对 ML 和 AI 感兴趣。

PCS 问题在技术上具有挑战性，因为 p 树的子树数量可能呈指数级大，因此列举所有这些子树是不切实际的。为了有效地回答 PCS 查询，Chen 等[7]引入了反单调性，基于此可以更快地执行查询。为了进一步提高效率，他们设计了 CP 树 (core profiled tree) 索引，系统地将图中所有节点及其 p 树组织成一个紧凑的树，读者可参考文献 [7] 进行了解。

6.2.2 面向时序图的属性社区搜索方法

现实生活中，实体间的联系并不是一成不变的，它们往往会随着时间而变化，又或者说，实体间的联系本身就具有时间属性。例如，在电话的通信网络中，一通电话的双方可以被视作两个节点，打电话的行为会在两点间建立边的联系。然而，这类联系不是永久持续的，电话的通信会在电话挂断后被终止。如果忽略边的时间属性会丢失大量信息。周期性是时间网络中社会交往中经常发生的现象。每周的小组会议、每月的生日聚会、每年的家庭聚会……，这些都是时间互动网络中有规律且重要的模式，挖掘这种周期性的社区模式对于理解和预测时间网络中的社区行为至关重要。

综上所述，时序图与简单图的主要区别在于为边添加时间属性。时序图是具有节点集 V 和边集 E 的无向图 $G(V,E)$。每条边 $e \in E$ 是三元组 (u,v,t)，其中 u 和 v 是 V 中的节点，t 表示 u 和 v 间的交互时间。对于时序图 G，在时间间隔 $[t_s,t_e]$ 上由 G_p 表示的投影图定义为 $G_p=(V,E,[t_s,t_e])$，其中 $V=V(G)$ 且 $E=\{(u,v)|(u,v,t)\in E(G), t\in[t_s,t_e]\}$。

定义 6.7(最大 (θ,k) 的 Persistent-core 间隔)　给定时序图 $G=(V,E)$，参数 $\theta>0$ 且 $k>0$，满足 $t_e-t_s \geqslant \theta$ 的时间间隔 $[t_s,t_e]$ 被定义为对于 G 的最大 (θ,k) 的 Persistent-core 间隔，当且仅当以下两个条件成立：

(1) 任何 $t\in[t_s,t_e-\theta]$，G 的投影图区间 $[t,t+\theta]$ 是一个连接的 k-core 子图。

(2) 没有 $[t_s,t_e]$ 的超区间（即比原来时间跨度更大的区间）使得条件 (1) 成立。

定义 6.8(core 持久性)　设 $T=\{[t_{s_1},t_{e_1}],\cdots,[t_{s_r},t_{e_r}]\}$ 这是 G 的所有最大 (θ,k) 的 Persistent-core 间隔的集合。$F(\theta,k,G)$ 表示带有参数θ 和 k 的 G 的 core 持久性，定义为

$$F(\theta,k,G)=\begin{cases}\displaystyle\sum_{i=1}^{r}(t_{e_i}-t_{s_i})-(r-1)\theta, & T\neq\varnothing\\ 0, & \text{其他}\end{cases}\tag{6.1}$$

定义 6.9 ((θ,τ)-Persistent k-core)　给定时序图 G，参数 θ、τ 和 k，一个 (θ,τ)-Persistent k-core 被定义为诱导时间子图 C=(V_C, E_C)，满足以下性质。

(1) 持久 core 性质：$F(\theta, k, G)\geqslant\tau$。

(2) 最大性：不存在包含 C 的诱导时间子图 C' 并满足性质 (1)。

定义 6.10（持久性社区搜索问题） 给定时序图 G，参数 θ、τ 和 k，持久性社区搜索问题旨在找到 G 中最大的 (θ, τ)-Persistent-core。

例 6.5 考虑图 6.6(a) 中的时序图 G，假设 $\theta = 3$ 且 $k = 2$。可观察到图 G 中没有最大 (3, 2)-Persistent-core 区间。最大 (3, 2)-Persistent-core 区间 [1, 5] 是由节点 $\{v_1, v_2, v_3\}$ 诱导的子图 C。究其原因在于 [1, 5] 是最大间隔，使得在 [1, 5] 中任何 3 长度子区间、节点 $\{v_1, v_2, v_3\}$ 形成一个连通的 2-core。设 $\tau = 4$，可以看到由节点 $\{v_1, v_2, v_3\}$ 诱导的子图 C 是最大 (3,4)-Persistent 2-core。图 6.6(b) 给出了图 6.6(a) 中的时序图 G 在区间 [1, 8] 上的投影图。

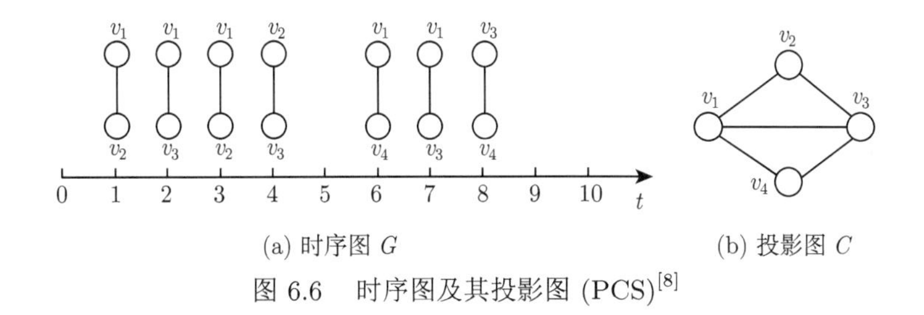

(a) 时序图 G　　(b) 投影图 C

图 6.6　时序图及其投影图 (PCS)[8]

Li 等[8]证明持久性社区搜索问题是 NP 难的且针对此提出了一种修剪和搜索方法，读者可阅读文献 [8]。

6.2.3　面向地理社交图的属性社区搜索方法

基于位置的属性图（也称为地理社交图）是具有节点集 V 和边集 E 的无向图 $G = (V, E)$。对于每个节点 $v \in V$，它具有位置对 $(v.x, v.y)$，其中 $v.x$ 和 $v.y$ 表示其在二维空间中沿 x 轴和 y 轴的位置。地理社交网络广泛存在于许多基于位置的服务应用中，包括 Twitter、Facebook 和 Foursquare 等。

在地理社交网络上研究了三种社区搜索方法，即空间感知社区 (spatial-aware community, SAC) 搜索[9]、半径有界 k-core(radius-bounded k-core, RB-k-core) 搜索[10] 和地理社交群体中具有最小熟人约束的查询 (geo-social group queries with minimum acquaintance constraint, GSGQ)[11]。一般来说，它们要求社区在结构和空间上具有凝聚性。对于结构凝聚性，均采用 k-core 模型，但对于空间凝聚性，表 6.1 给出了常用度量指标。在 GSGQ 中，社区位于以查询节点为中心给定的矩形或圆中。

表 6.1　常用的度量指标

社区搜索方法	空间凝聚性指标
SAC 搜索	最小覆盖圆
RB-k-core 搜索	半径固定的覆盖圆 (radius-fixed covering circle)
GSGQ	中心给定的矩形或圆

1. 空间感知社区搜索

MCC 的概念被广泛用于描述一组空间紧凑的物体[1,12]，具体定义如下。

定义 6.11(MCC) 给定具有位置的节点集合 S，S 的 MCC 是空间圆，包含 S 中的所有节点且具有最小半径。

定义 6.12(SAC 搜索) 给定地理社交图 $G=(V, E)$，正整数 k 和节点 $q\in V$，返回子图 $G_p\in G$，满足以下性质。

(1) 连通性：G_q 连通且包含 q。

(2) 结构凝聚性：$\forall v\in G_q, \deg_{G_q}(v)\geqslant k$。

(3) 空间凝聚性：满足性质 (1) 和 (2) 的 G_q 中节点的 MCC 具有最小的半径。

满足性质 (1) 和 (2) 的子图是可行解，满足三个性质的子图是最优解（表示为 ψ）。设含有 ψ 的 MCC 半径用 r_{opt} 表示。在图 6.7(a) 中，两个圆圈分别表示可行解 $C_1=\{Q,C,D\}$ 和 $C_2=\{Q,A,B\}$ 的 MCC。图 6.7 给出了当 $q=Q$ 且 $k=2$ 时返回的最优解 ψ，其中包含 $r_{\text{opt}}=1.5$ 的节点集 C_1。

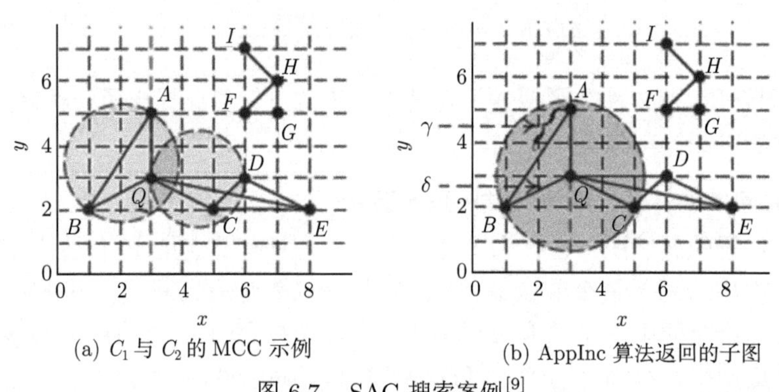

(a) C_1 与 C_2 的 MCC 示例　　(b) AppInc 算法返回的子图

图 6.7　SAC 搜索案例[9]

由于 SAC 搜索问题的复杂性而十分具有挑战性。为提高效率，Fang 等[9] 提出了近似算法 AppInc。该方法以圆 $O(q,\delta)$ 返回可行解，该圆以 q 为中心并具有最小半径 δ，并且其近似比为 2。在该方法中，近似比被定义为通过 r_{opt} 返回 MCC 的半径比。在图 6.7(b) 中，令 $q=Q$ 且 $k=2$，AppInc 返回由 $\{A,B,Q\}$ 构成的子图。

2. 半径有界 k-core 社区搜索

定义 6.13(RB-k-core 搜索) 给定地理社交图 $G=(V, E)$、正整数 k、半径 r 和节点 $q\in V$，返回所有子图 $G_q\subseteq G$，使得以下性质成立。

(1) 连通性：G_q 连通且包含 q。

(2) 结构凝聚性：$\forall v\in G_q, \deg_{G_q}(v)\geqslant k$。

(3) 空间凝聚性：G_q 中节点的 MCC 的半径 $r' \leqslant r$。

(4) 极大约束：不存在满足上述性质的其他子图 G'_q 和 $G_q \subset G'_q$。

与 SAC 搜索类似，半径有界 k-core 搜索也采用 MCC，但会对社区半径施加约束。为了应对 RB-k-core 搜索问题，Wang 等[10] 提出了一种基于旋转圆的 RotC 算法，该方法在寻找 RB-k-core 的过程中可以重用中间计算结果。将每个节点 $v \in V$ 固定为极点，RotC 以旋转方式生成候选圆，以便可以在相邻圆之间共享计算成本。此外，Wang 等[10]还提出了几种修剪技术，以提前终止无效候选圆的处理。

3. 地理社交群体中具有最小熟人约束的查询

定义 6.14 (GSGQ)　给定地理社交图 $G = (V, E)$、节点 $q \in V$、正整数 k 和空间约束 Λ，返回子图 $G_q \subseteq G$，使得以下性质成立。

(1) 连通性：G_q 连通且包含 q。

(2) 结构凝聚性：$\forall v \in G_q, \deg_{G_q}(v) \geqslant k$。

(3) 空间凝聚性：G_q 满足约束 Λ。

(4) 极大约束：不存在满足上述性质的其他子图 G'_q 和 $G_q \subset G'_q$。

在 GSGQ 中，对于空间约束 Λ，Zhu 等[12] 考虑了三种约束：

(1) Λ 是一个包含 G_q 的空间矩形。

(2) Λ 是一个以 q 为中心的圆，其半径小于从 q 到 G_q 中第 k 个最近节点的距离 [G_q 可能包含多于 $(k+1)$ 个节点]。

(3) Λ 满足约束 (2) 且 G_q 恰好包含 $(k+1)$ 个节点。

通过使用 R 树索引，可以在 $O(n+m)$ 时间复杂度内应对具有约束的 GSGQ 问题。随着约束的增加，其时间复杂度也在逐渐增高。为了提高效率，提出了基于社交感知的 R 树索引，其中包含节点的空间位置和社交关系。具体地，节点 v 的核心边界矩形是包含 v 的矩形，其中包含 v 的任何节点子图都不满足最小度约束。由于其本身的复杂性，读者可参考文献 [11] 进行学习。

近几年，关于地理位置社区搜索的文章更加关注于求解 NP 难题[13,14]。这类方法通常首先给出一个有待解决的、新颖且有意义的实际问题，其次证明这个问题的难度，最后给出解决这个问题的近似算法和精确算法。然而，受问题本身复杂性的约束，所提出的精确算法往往不能在大规模数据上运行，近似算法则以一部分精确度为代价换来了较小的时间复杂度。因此，近似算法更加具有参考价值和应用价值。下面介绍高效的属性约束和地理信息共定位的社区搜索。

图 6.8 描述了一个由 10 位学者组成的合作网络并展示了他们的研究兴趣。假设组织一个关于数据库和机器学习主题的研讨会或学术沙龙，目标是找到一组在这些研究领域上都是专家且彼此距离很近的成员。学者 $\{v_0, v_1, v_2, v_3, v_4\}$ 是一

个可行解，因为其满足三个特点：①研究专长相关；②合作关系紧密；③地理位置近。这类社区搜索问题被称为属性约束共定位社区搜索 (attribute-constrained co-located community search, ACOC)。

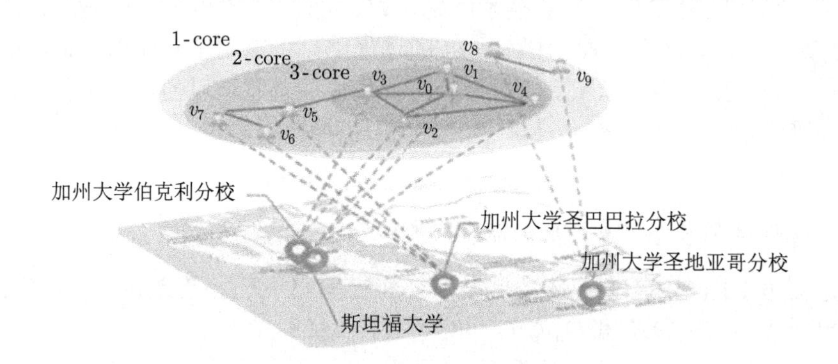

v_0: {机器学习，数据挖掘，数据保密}
v_1: {分布式系统，数据挖掘，云计算}
v_2: {数据库，分布式计算，网页分析}
v_3: {分布式系统，数据保密，云计算，数据挖掘}
v_4: {信息检索，数据库，高性能计算}
v_5: {数据管理，数据挖掘，数据保密，数据库}
v_6: {高性能计算，分布式系统}
v_7: {分布式计算，数据库，数据保密，网页分析}
v_8: {信息检索，数据流，数据管理，数据库}
v_9: {数据挖掘，数据管理，数据流，数据保密}

图 6.8　合作网络和属性表[14]

在正式给出 ACOC 的搜索问题之前，需要首先介绍几个重要的概念。

定义 6.15(可行社区)　给定一个社区 G_k 和一个属性集 T，如果 T 中的所有属性都被 G_k 覆盖，则 G_k 是一个可行社区（或称 T-社区）。

定义 6.16(社区空间直径)　在 G 中给定一个社区 G_k，用 $\delta(G_k)$ 表示 G_k 的空间直径，它是 G_k 中任意一对节点之间的最大距离：$\delta(G_k) = \max\limits_{v_i, v_j \in G_k} \operatorname{dist}(v_i, v_j)$，其中 $\operatorname{dist}(v_i, v_j)$ 表示 v_i 和 v_j 之间的欧氏距离。

定义 6.17(ACOC)　给定无向属性网络 G、查询属性集 T 和正整数 k，ACOC 查询返回最小的 T-社区 $G' \subseteq G$ 满足以下约束。

(1) 连通性：G' 是连通的。

(2) 属性约束：T 中的所有属性都被 G' 中的节点覆盖。

(3) 结构内聚性：G' 的最小度数不小于 k。

(4) 空间共定位：最小化 G' 的直径。

想要完成 ACOC 任务并不简单，是一个 NP 难题。

下面介绍必要的预处理，给定属性网络 G，一组查询属性 T，一个正整数 k，首先应用现有的 core 分解算法来获得最大 k-cores。ACOC 查询的最优结果必然存在于覆盖 T 的最大连通 k-core 中的一个，因此可以分别考虑它们。为了便于表达，所有算法都以一个这样的连通 k-core（用 G_k^T 表示）作为输入。在每一个 G_k^T 上执行算法，然后选择最小的一个，就可以得到最优的结果，除此之外还为每一个 G_k^T 实现倒排序索引去组织其节点属性。

在以地理位置为主要信息的社区搜索中如何衡量社区大小是一个难以精确求解的问题，这是因为社区由于节点的位置信息不同而会呈现为不规则形状。因此在抽象后的拓扑图中，可以将社区用正方形包裹起来以逼近真实社区。基于该思想，Luo 等[14] 提出了最小可行社区闭合正方形 (the smallest feasible community enclosing square，SFCS) 的概念，具体定义如下。

定义 6.18(最小可行社区闭合正方形)　给定一个图 $G(V, E)$ 和一组属性 T，闭合正方形是包含一个 T-社区的具有最小边长度的正方形。

容易观察到一个正方形可以由不同边上的三个边界节点确定。因此，可以列举所有三个节点的组合，并检查所确定的正方形中是否包含 T-社区。

通过对节点进行排序可以提高性能（沿着 x 轴和 y 轴对节点进行排序）。根据 x 轴上的顺序选择 v_1，以保证 v_1 第一次位于正方形的左侧。接下来，根据 y 轴上的顺序，从 v_1 右侧的节点中选择 v_2。

(1) 如果 $v_2.y > v_1.y$，v_2 在正方形的顶部，则第三个节点 v_3 必须满足 $v_3.x > v_2.x$ 且 $v_3.y < v_2.y$。

(2) 如果 $v_2.y < v_1.y$，v_2 在正方形的底边上，则第三个节点 v_3 必须满足 $v_3.x > v_2.x$ 且 $v_3.y > v_2.y$。

此外，因为 v_1 和 v_2 早已经固定，被它们确定的正方形必须有一条边不小于 $|v_2.y - v_1.y|$，所以 v_3 也满足 $v_3.x - v_1.x \geqslant |v_2.y - v_1.y|$。正方形边长度通过 $(v_3.x - v_1.x)$ 计算。用 S_{cur} 记录当前最好的正方形，同时它的边长可以帮助削减搜索空间。观察到边长是由 $(v_3.x - v_1.x)$ 计算的，可以执行二分搜索来找到包含 T-社区的最小正方形。

由于上述算法的复杂性，Luo 等[14]提出了 2-近似算法，称为贪心属性覆盖来寻找 SFCS。其基本思想是，设 $T = \{t_1, t_2, \cdots, t_x\}$，首先根据它们在当前 G_k^T 中的频率，在 T 中找到最不常见的属性 t_{inf}；然后，对于每个包含 t_{inf} 的节点 v_{inf}，找到以 v_{inf} 为中心且包含一个 T-社区的最小的正方形。在对所有包含 t_{inf} 的节点进行处理后，选择最小的正方形，这个正方形内的 T-社区就是贪心属性覆盖的解。

众所周知，给定一个正方形的中心 (v_{inf}) 和其边界上的另一个对象 v，该正

方形的边长 S 可以通过式 (6.2) 计算：

$$\phi(S) = 2 \cdot \max\{|v_{\text{inf}}.x - v.x|, |v_{\text{inf}}.y - v.y|\} \tag{6.2}$$

因此，可以根据式 (6.2) 将 G_k^T 中的节点按升序排序。然后，使每个节点在正方形的边界上，直到能够得到一个 T-社区。为了避免对排序后的节点进行线性验证，可以根据式 (6.2) 排列好的顺序将下界设为第一个节点，将上界设为最后一个节点，然后利用二元搜索来寻找结果正方形。

一旦确定了一个正方形，那么对一个 T-社区 (覆盖 T 中所有属性的连通 k-core) 的验证主要包括两个步骤：

（1）进行线性 core 分解，得到所有的最大 k-core。

（2）从 v_{inf} 进行广度优先搜索 (breadth first search, BFS)，得到连通的 k-core，并检查 T 中的所有属性是否被覆盖。因为 core 分解需要节点的度，所以在数据结构中为当前正方形中的节点存储这些信息，并在二分搜索期间相应地更新。

例 6.6 如图 6.9 所示，设属性集合 T={database, distributed system, machine learning}，k=2。首先，贪心属性覆盖找到 v_0 包含最不常见属性“machine learning”以及得到节点序列，即根据式 (6.2) 得到 $\{v_1, v_2, v_3, v_4, v_5, v_6, v_7\}$。其次，设置下界为 1，上界为 7，得到位置 4 并且扩张正方形直到 v_4 在其边界上。基于该正方形，找到 v_0、v_1、v_2、v_3、v_4 组成的一个可行解。执行二分搜索进行下一次迭代。最后，v_3 在正方形的边界上，v_0、v_1、v_2、v_3 组成了贪心属性覆盖的解。此外，Luo 等[15]还证明了贪心属性覆盖对于寻找 SFCS 的近似比为 2。

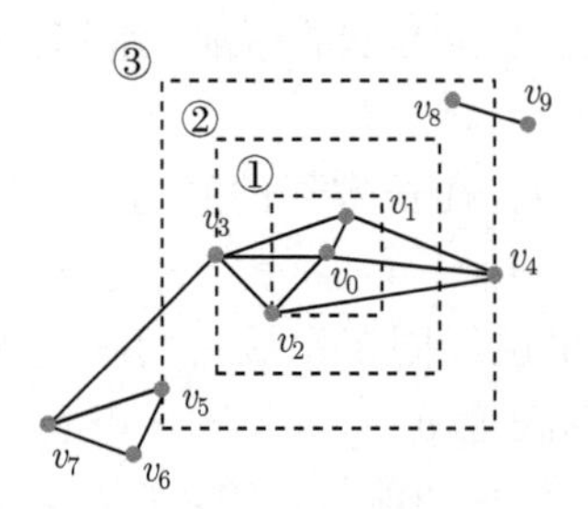

图 6.9　T = {database, distributed system, machine learning} 时贪心属性覆盖的解 [14]

6.3　基于图神经网络的社区搜索方法

现有社区搜索方法多基于预定义的凝聚性指标来定位内聚子图，具有结构不灵活和属性不相关的局限性，忽略了属性间的相似性与联系，且多数在线社区搜索方法耗费巨大。受深度学习和图卷积网络在许多图学习问题中取得了巨大成功的启发，基于图神经网络的社区搜索方法被提出，以其数据驱动的特点来为不同的图建模或执行轻量级交互式的社区搜索任务。一种旨在考虑属性与整个图信息之间的相关性，扩展图卷积网络以支持查询操作；另一种聚焦于减少在线社区搜索的成本耗费。本节将详细介绍基于图神经网络的社区搜索方法的进展。

6.3.1　基于查询驱动图卷积网络的社区搜索

现有的属性社区搜索方法多采用两阶段的方法，即首先通过查询节点找到具有密集结构的候选社区；其次，通过优化属性函数来缩小社区。这种两阶段的方法往往将结构内聚性和属性同质性分开处理，忽略结构和属性之间的相关性，使得社区搜索方法的性能较差。为解决这一问题，研究人员发现图神经网络技术可有效地将网络结构信息和属性结合到一个统一的框架中，增强结构和属性之间的关联。值得注意的是，现有的图神经网络模型无法支持社区搜索中的查询操作，即给定不同的查询输入，模型将输出不同的特定查询的结果，这就使得这项任务更具挑战性。Jiang 等 [15] 于 2022 年在查询驱动的图卷积网络 (query-driven graph convolutional networks, QD-GCN) 中给出了以上问题的解决方案。

给定属性图 $G=(\mathcal{V},\mathcal{E},\mathcal{F})$，其中节点集为 $\mathcal{V}$ 且 $|\mathcal{V}|=n$，边集为 $\mathcal{E}\subseteq\mathcal{V}\times\mathcal{V}$ 且 $|\mathcal{E}|=m$。设 $\mathcal{F}$ 为 G 中节点的特征集且 $|\mathcal{F}|=d$。图 G 的邻接矩阵记为 $\boldsymbol{A}$，$\boldsymbol{F}$ 表示节点属性矩阵。QD-GCN 的问题定义：给定属性图 G、邻接矩阵 $\boldsymbol{A}$ 和节点特征矩阵 $\boldsymbol{F}$，查询 $\langle\mathcal{V}_q,\mathcal{F}_q\rangle$。其中 $\mathcal{V}_q\subseteq\mathcal{V}$ 是查询节点集，$\mathcal{F}_q\subseteq\mathcal{F}$ 是查询属性集。属性社区搜索旨在找到查询所在的社区 $C_q\subseteq\mathcal{V}$。属性社区 C_q 中的节点结构内聚且属性同质。

给定一组训练查询 $\mathcal{Q}_{\text{train}}=\{q_1,q_2,\cdots\}$ 和相应的基准社区 $\mathcal{Y}_{\text{train}}=\{y_1,y_2,\cdots\}$，QD-GCN 训练一个模型，以使损失函数最小化来拟合训练数据。然后，对于其他查询，可以很容易地应用训练的模型来预测社区搜索结果。优化损失函数可表示为

$$
\begin{aligned}
&\min\mathcal{L}=\sum_{(\mathcal{V}_q,\mathcal{F}_q,y_q)\in\mathcal{Q}_{\text{train}}}\sum_{i=1}^{n}\text{BCE}\left(y_{qi},z_{qi}\right)\\
&\text{BCE}\left(y_{qi},z_{qi}\right)=\begin{cases}-\log_2 z_{qi}, & y_{qi}=1\\ -\log_2\left(1-z_{qi}\right), & y_{qi}=0\end{cases}
\end{aligned}
\tag{6.3}
$$

式中，$\mathcal{Q}_{\text{train}}=\{(\mathcal{V}_q,\mathcal{F}_q,y_q)\}_{q=1}^{k}$ 为查询的训练集；三元组 $(\mathcal{V}_q,\mathcal{F}_q,y_q)$ 为一个查询 $\langle\mathcal{V}_q,\mathcal{F}_q\rangle$ 和其对应的基准社区，该基准社区用一个指示向量 $\boldsymbol{y}_q\in\{0,1\}^{n\times1}$ 表示。如果 v_i 在基准社区中，则 $y_{qi}=1$，否则 $y_{qi}=0$。$\boldsymbol{z}_q\in\mathbb{R}^{n\times1}$ 是 QD-GCN 对查询 q 的输出预测向量。

图 6.10 为 QD-GCN 的框架图示例。QD-GCN 针对不同的学习任务设计了四个学习模块，即图编码、结构编码、属性编码和特征融合。

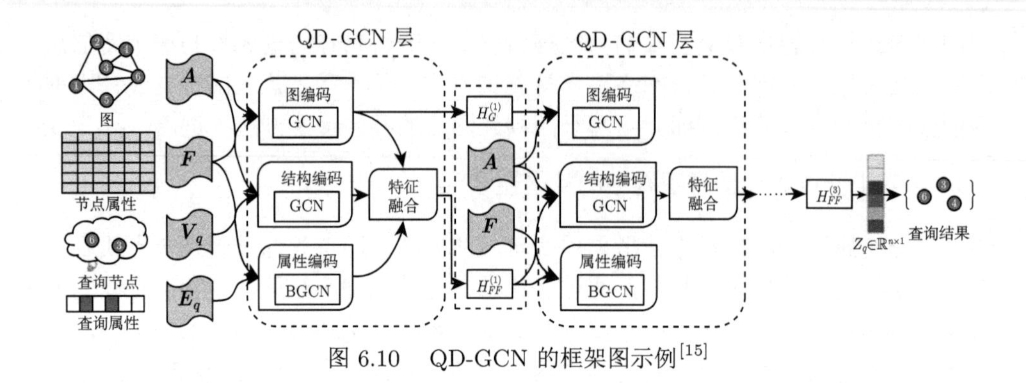

图 6.10　QD-GCN 的框架图示例[15]

(1) 图编码模块从整个图的结构和属性中学习查询无关的特征，并使 QD-GCN 具有鲁棒性，以应对有限数量的训练查询。

(2) 结构编码模块学习特定查询的局部结构特征。

(3) 属性编码模块提供了查询的相关属性特征，并通过结构–属性二部图来考虑属性之间的相似性。结构编码模块和属性编码模块扩展了 GCN 模型以支持查询操作，并为 QD-GCN 模型提供查询输入接口。

(4) 特征融合模块对上述三个编码模块的输出进行融合，得到 QD-GCN 模型最终的查询特定输出。

特征融合模块将所有特征结合起来，并将融合结果传递给结构和属性编码模块，通过结构和属性编码模块，QD-GCN 可以同时处理特定查询的结构和属性信息。接下来将详细介绍各个模块。

1. 图编码模块

图编码模块提供了关于图 G 结构和属性信息的全局学习函数，可对具有结构和属性特征的、与查询无关的图信息进行编码。其接受邻接矩阵 $\boldsymbol{A}$ 和节点属性矩阵 $\boldsymbol{F}$ 作为输入，且不依赖于任何特定的查询。这种查询独立的信息可使 QD-GCN 模型更健壮，并产生图嵌入 $\boldsymbol{E}_G$。

为了充分利用节点属性，设计并配置了自特征建模[16]。图编码模块的前向层定义为

$$\boldsymbol{H}_G^{(l+1)} = \sigma\left(\hat{\boldsymbol{A}}\boldsymbol{H}_G^{(l)}\boldsymbol{W}_G^{(l)} + \boldsymbol{H}_G^{(l)}\boldsymbol{W}_{G_{\text{self}}}^{(l)} + \boldsymbol{b}\right) \tag{6.4}$$

式中，$\hat{\boldsymbol{A}} = \boldsymbol{D}^{-1/2}(\boldsymbol{A}+\boldsymbol{I}_n)\boldsymbol{D}^{-1/2}$ 为归一化邻接矩阵，$\boldsymbol{I}_n$ 为单位矩阵，$D_{ii} = \sum_j (\boldsymbol{A}+\boldsymbol{I}_n)_{ij}$ 为度对角矩阵；$\boldsymbol{H}_G^{(l+1)}$ 为第 $(l+1)$ 层的隐藏层，初始时 $\boldsymbol{H}_G^{(0)} = \hat{\boldsymbol{F}}$；$\boldsymbol{W}_G^{(l)} \in \mathbb{R}^{d^{(l)}\times d^{(l+1)}}$ 和 $\boldsymbol{W}_{G_{\text{self}}}^{(l)} \in \mathbb{R}^{d^{(l)}\times d^{(l+1)}}$ 均为权重参数矩阵；$\sigma(\cdot)$ 为激活函数；$\boldsymbol{b}$ 为偏置向量。

激活函数也应用于特征融合组件，对于图编码模块输出 $\boldsymbol{E}_G$，QD-GCN 模型去掉了激活函数。因此，嵌入 $\boldsymbol{E}_G$ 为

$$\boldsymbol{H}_G^{(l+1)} = \hat{\boldsymbol{A}}\boldsymbol{H}_G^{(l)}\boldsymbol{W}_G^{(l)} + \boldsymbol{H}_G^{(l)}\boldsymbol{W}_{G_{\text{self}}}^{(l)} + \boldsymbol{b} \tag{6.5}$$

值得注意的是，图编码模块的输入特征是 $\boldsymbol{H}_G$，也就是最后一层本身的输出。嵌入特征向量 $\boldsymbol{E}_G$ 是特征融合模块的输入。

2. 结构编码模块

结构编码模块为查询节点提供接口并学习与查询相关的局部拓扑特征。输入邻接矩阵 $\boldsymbol{A}$ 和结构输入信息 $\boldsymbol{I}_S$ (与查询节点集 $\mathcal{V}_q$ 相关)。结构编码模块主要对查询节点的局部结构信息进行建模，以便为给定的查询 $(\mathcal{V}_q, \mathcal{F}_q)$ 提供一个结构视图，生成查询特定的结构嵌入 $\boldsymbol{E}_S$。

类似于图编码模块，采用 GCN 来建模特定于查询的结构嵌入[17]：

$$\boldsymbol{H}_S^{(l+1)} = \sigma\left(\hat{\boldsymbol{A}}\boldsymbol{I}_S^{(l)}\boldsymbol{W}_S^{(l)} + \boldsymbol{I}_S^{(l)}\boldsymbol{W}_{S_{\text{self}}}^{(l)} + \boldsymbol{b}\right) \tag{6.6}$$

式中，$\boldsymbol{I}_S$ 为结构编码模块在 $(l+1)$ 层的特征输入；$\boldsymbol{W}_S^{(l)}$ 和 $\boldsymbol{W}_{S_{\text{self}}}$ 均为权重参数矩阵。初始地，$\boldsymbol{I}_S^{(0)}$ 被定义如下：

$$\boldsymbol{I}_S^{(0)}(i) = \begin{cases} 1, & v_i \in \mathcal{V}_q \\ 1 - \dfrac{\operatorname{dist}(v_i, \mathcal{V}_q)}{d_{\max}}, & v_i \text{ 与} \mathcal{V}_q \text{ 连通} \\ 0, & v_i \text{ 与} \mathcal{V}_q \text{ 不连通} \end{cases} \tag{6.7}$$

其中，$\operatorname{dist}(v_i, \mathcal{V}_q) = \min\limits_{v_q \in \mathcal{V}_q} \operatorname{dist}(v_i, v_q)$ 反映任意节点 v_i 到查询节点集的拓扑亲密程度。如果两个节点 v_i 和 v_q 不连通，则 $\operatorname{dist}(v_i, v_q) = +\infty$。此外，$d_{\max} = 1 + \max\{\operatorname{dist}(v_i, v_q) : v_i \in \mathcal{V} \text{ 与 } v_q \in \mathcal{V}_q \text{ 连通}\}$。根据定义，可给出所有节点的结构权重的初始化，结构权值取决于与查询节点的接近程度。

对于中间层，将特征融合模块 $\boldsymbol{H}_{FF}$ 的输出分配给 $\boldsymbol{I}_S$ 以融合特征。定义结构编码模块 $\boldsymbol{I}_S$ 的输入特征为

$$\boldsymbol{I}_S^{(l)} = \begin{cases} \boldsymbol{I}_S^{(0)}, & l = 0 \\ \boldsymbol{H}_{FF}^{(l)}, & \text{其他} \end{cases} \tag{6.8}$$

对于结构编码模块输出 $\boldsymbol{E}_S$，有

$$\boldsymbol{E}_S^{(l+1)} = \hat{\boldsymbol{A}}\boldsymbol{I}_S^{(l)}\boldsymbol{W}_S^{(l)} + \boldsymbol{I}_S^{(l)}\boldsymbol{W}_{S_{\text{self}}}^{(l)} + \boldsymbol{b} \tag{6.9}$$

嵌入特征向量 $\boldsymbol{E}_S$ 是特征融合模块的输入。

3. 属性编码模块

属性编码模块可用来处理查询属性，学习与查询相关的属性信息。输入属性矩阵 $\boldsymbol{F}$ 和查询属性 $\mathcal{F}_q$，属性编码模块采用节点–属性二部图 $\mathrm{BG}\left(\mathcal{V}, \mathcal{F}, \mathcal{B}_E\right)$ 来获得特定属性嵌入 $\boldsymbol{E}_A$。形式上，BG 的邻接矩阵表示为

$$\boldsymbol{A}_{\mathrm{BG}}=\left(\begin{array}{cc}\mathbf{0}_{V,V} & \boldsymbol{B}_V \\ \boldsymbol{B}_F & \mathbf{0}_{F,F}\end{array}\right) \tag{6.10}$$

其中，$\boldsymbol{B}_V=\boldsymbol{F} \in \mathbb{R}^{n \times d}$；$\boldsymbol{B}_F=\boldsymbol{F}^{\mathrm{T}} \in \mathbb{R}^{d \times n}$。

属性编码模块的目的是找出不同属性之间的潜在关系，并找到查询的相关属性。此外，属性编码模块需要以节点的形式表示这些信息，这是因为查询社区是由节点而不是属性组成的。在节点–属性二部图 BG 的基础上，构造了一个二部图卷积网络[18]来建模属性关系，其前向层定义为

$$\left\{\begin{array}{l}\boldsymbol{H}_V^{(l+1)}=\sigma\left(\boldsymbol{B}_V \boldsymbol{I}_V^{(l)} \boldsymbol{W}_V^{(l)}\right) \\ \boldsymbol{H}_F^{(l+1)}=\sigma\left(\boldsymbol{B}_F \boldsymbol{I}_F^{(l)}+\boldsymbol{H}_F^{(l)} \boldsymbol{W}_{F_{\text{self}}}^{(l)}\right)\end{array}\right. \tag{6.11}$$

式中，$\boldsymbol{I}_V^{(l)}$ 和 $\boldsymbol{I}_F^{(l)}$ 分别为节点级 GCN 和属性级 GCN 在第 $(l+1)$ 层的输入特征；$\boldsymbol{H}_V^{(l+1)}$ 和 $\boldsymbol{H}_F^{(l+1)}$ 分别为学习到的节点特征和属性特征；$\boldsymbol{W}_V^{(l)}$ 和 $\boldsymbol{W}_{F_{\text{self}}}^{(l)}$ 为权重矩阵。

与结构编码模块类似，为了输入查询属性集 $\mathcal{F}_q$，使用 $\boldsymbol{F}_q \in\{0,1\}^{d \times 1}$ 作为 $\mathcal{F}_q$ 的独热向量表示，并使用 $\boldsymbol{F}_q$ 初始化 $\boldsymbol{I}_V$。对于其他层，与前向层相同，使用属性侧输出 $\boldsymbol{H}_F$ 作为节点级 GCN$\boldsymbol{I}_V$ 的输入特征。

$$\boldsymbol{I}_V^{(l)}=\left\{\begin{array}{ll}\boldsymbol{F}_q, & l=0 \\ \boldsymbol{H}_F^{(l)}, & \text{其他}\end{array}\right. \tag{6.12}$$

属性编码模块中属性级的输入特征定义为

$$\boldsymbol{I}_F^{(l)}=\boldsymbol{H}_{FF}^{(l+1)} \tag{6.13}$$

重写式（6.11）为

$$\left\{\begin{array}{l}\boldsymbol{H}_V^{(l+1)}=\sigma\left(\boldsymbol{B}_V \boldsymbol{H}_F^{(l)} \boldsymbol{W}_V^{(l)}\right) \\ \boldsymbol{H}_F^{(l+1)}=\sigma\left(\boldsymbol{B}_F \boldsymbol{H}_{FF}^{(l)}+\boldsymbol{H}_F^{(l)} \boldsymbol{W}_{F_{\text{self}}}^{(l)}\right)\end{array}\right. \tag{6.14}$$

通过节点级输出 $\boldsymbol{H}_V$ 以节点的形式表示属性信息。通过删除 $\boldsymbol{H}_V$ 中的激活函数来计算最终属性嵌入 $\boldsymbol{E}_A$：

$$\boldsymbol{E}_A^{(l+1)}=\boldsymbol{B}_V \boldsymbol{H}_F^{(l)} \boldsymbol{W}_V^{(l)} \tag{6.15}$$

4. 特征融合模块

特征融合模块结合上述三种编码模块学习到的三种输出特征，平衡全局和局部、结构和属性信息，得到整个 QD-GCN 模型的最终输出。特征融合的输入以 $\boldsymbol{E}_G$、$\boldsymbol{E}_S$、$\boldsymbol{E}_A$ 三个编码模块的输出为基础，融合后将融合结果传递给结构编码模块和属性编码模块。基于三个编码模块的输出，特征融合的前向层为

$$\boldsymbol{H}_{FF}^{(l+1)} = \sigma\left(\mathrm{AGG}(\boldsymbol{E}_G^{(l+1)}, \boldsymbol{E}_S^{(l+1)}, \boldsymbol{E}_A^{(l+1)})\right) \tag{6.16}$$

式中，$\boldsymbol{H}_{FF}^{(l+1)}$ 为特征融合模块的输出，也是整个 QD-GCN 模型在第 $(l+1)$ 层的输出；$\mathrm{AGG}(\cdot)$ 为整合函数；$\boldsymbol{E}_G^{(l+1)}$、$\boldsymbol{E}_S^{(l+1)}$ 和 $\boldsymbol{E}_A^{(l+1)}$ 为每个编码模块在第 $(l+1)$ 层的输出。

基于上述四种编码模块，QD-GCN 模型融合了一个独立的图级社区信息和两个相关的查询级结构和属性信息。QD-GCN 支持从整个图到查询的局部子图的结构和属性级联的所有信息传播。此外，QD-GCN 提供了端到端多查询社区搜索模型，该模型将查询作为输入，并生成社区作为结果。

6.3.2　基于图神经网络的轻量级交互式社区搜索

在线网络中每天都有大量的活动账户和消息，如果不控制收集策略，爬虫将会发现大量不相关的页面，使得面向在线网络的社区搜索方法在存储、网络传输和计算方面消耗大量不必要的资源。同时，社区搜索本质上是灵活的，直接使用预定义的社区规则几乎不可能产生高质量的社区。此外，现有方法通过逐步细化社区以实现社区搜索的目标也使得耗费巨大。Gao 等[19]在 2021 年的工作中试图用基于图神经网络的交互式社区搜索 (lightweight interactive community search via graph neural network, ICS-GNN) 方法来解决在线网络上动态提取子图问题，并定位目标社区的问题。

ICS-GNN 在交互式搜索的背景下给出目标社区的定义。基于 GNN 得分的丰富子图 $G=(V,E,F,P)$，社区被定义如下。

定义 6.19(最大 GNN 分数的 k 大小社区)　给定图 $G=(V,E,F,P)$，查询节点集 $q\in V$，社区大小为 k。将最大 GNN 分数的 k 大小社区 (k-sized community with maximum graph neural network scores, kMG) 称为 kMG 社区，是图 G 的一个诱导子图 $G_c=(V_c,E_c,F_c,P_c)$，满足以下约束：

(1) 查询节点 $q\in V_c$ 并且 G_c 连通。

(2) $|V_c|=k$。

(3) GNN 得分的和 $\sum\limits_{u\in V_c} P[u]$ 是最大的。

约束 (1) 保证查询节点在目标社区中且放松了目标社区的结构关系。与 k-core、k-clique 不同，kMG 社区仅要求社区是连通的，这种放松源于：①交互式社区搜索中的初始子图可能由于受控的爬行策略而不密集；②在某些情况下，即使完全收集了数据，社区内部也不存在紧密联系的关系。约束 (2) 强制 kMG 社区中节点的数量为 k。此外，约束 (3) 明确了社区内部节点的相似度的定义，从而保证了 kMG 社区中的节点尽可能相似。在标记节点的指导下，GNN 模型学习规则以使用内容和结构特征来推断社区中的节点成员隶属概率，捕捉节点和正节点（类标为 1）之间的相似性。

图 6.11 展示了 ICS-GNN 的基本框架，包括多轮社区搜索。在每一轮社区搜索中，ICS-GNN 试图使用来自大型在线社交网络的查询节点和正标签节点来构建候选子图。这里的挑战是收集候选节点，以及在候选节点之间提供足够的关系。下一步是在候选子图上建立 GNN 模型。用户发布的消息被转换成节点的内容特征。节点 u 的标签表示 u 是否应该在社区中。GNN 模型首先在候选子图上训练，然后用于推理子图中所有节点的概率。最后一步是基于节点上的 GNN 分数来定位 kMG 社区，由于问题的复杂性，需要用近似的方法。用户可以对所定位的社区进行标记，以指导下一轮的爬行和模型训练。

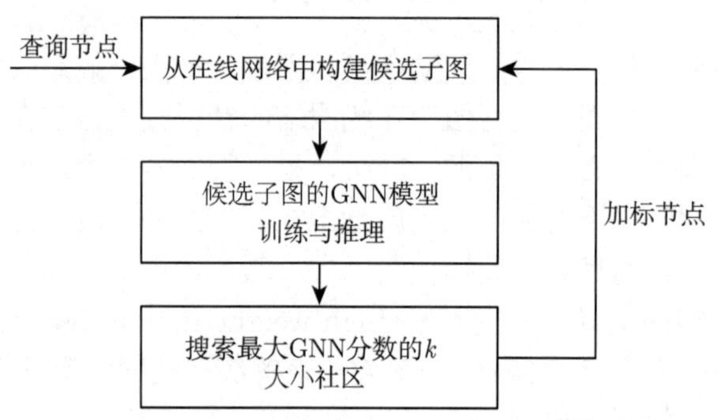

图 6.11　ICS-GNN 的基本框架图[19]

1. 候选子图的构建

候选子图的构建是为了从一个大的社交网络中定位潜在社区节点以及节点间的关联，可以通过在查询节点和标记的正节点周围爬取来实现。候选子图可被视为初始粗糙社区。

候选子图构建中第一个问题是爬行策略。由基于广度优先遍历算法从正标记的节点（包括查询节点）使用 1 阶邻居来构建初始子图，构建的初始子图只能形成结构关系有限的树状图。然而，如果探索正标记节点的 l 阶邻居，时间复杂度将随着节点数量指数增加，并且其中大多数节点可能与目标社区无关。为了解决该问题，ICS-GNN 对 1 阶邻居采用了部分边增强策略，即 ICS-GNN 仍然允许从 1 阶邻居中进行 BFS 搜索，但只包括 1 阶邻居与现有节点的边，而将新遇到的节点排除在子图之外。

其次，候选子图构建需要记录节点的状态，以支持增量爬取策略。在线社交网络中的节点具有各种邻居。在邻居数量多时，一次爬取得到所有邻居是不可行的。为解决以上问题，ICS-GNN 对每次扫描的页数进行限制，即 ICS-GNN 引入 $u[i_c]$、$u[i_e]$、$u[i_p]$ 分别来记录查找消息，边和部分边的起始页面的索引。在每次爬取中，相应地扫描预定义的 l_c、l_e、l_p 页面，然后将这些起始索引更新并将其存储到磁盘（文件或数据库）中。这种爬取策略也可以被视为来自大型底层图的采样，在降低 GNN 的训练成本中起着重要作用，同时保留其有效性[20]。

2. 候选子图的 GNN 模型训练和推理

基于构建的候选子图，ICS-GNN 构建了一个 GNN 模型来度量节点属于社区的概率。在此之前，ICS-GNN 需要建模节点的内容特征，并在 GNN 模型中选择一个损失函数。

为了建模节点的内容特征，首先将不同节点、不同长度的消息转换为固定长度的特征，同时处理不同关键字具有相似含义的问题。设 u 是候选子图中的一个节点。$F(u)$ 是传递给 u 的消息，对于每条消息 $m \in F(u)$，m 包含多个关键字。要建模 u 的内容特征，需要每个关键字的表示以及所有表示的组合。一种方法是使用 Word2Vec[21] 模型直接学习收集到的消息的关键字表示。然而，由于训练实例不足，从头开始学习可能不会产生高质量的表示。因此，ICS-GNN 从大量的数据集学习到的预处理嵌入中定位关键字表示，该嵌入可以精确地衡量不同关键字之间的关系。对于每个关键字 t，ICS-GNN 通过对 u 传递所有消息中的每个关键字 $\mathrm{emb}(t)$ 来平均聚合 u 的内容特征，其中 $\mathrm{emb}(t)$ 是预训练嵌入集中的嵌入，也可采用其他复杂的聚合函数。

子图中的节点属于社区的概率可建模为 0/1 分类问题。利用标记的节点，在子图上训练 GNN 模型，以产生一个 $|Vs|$ 大小的向量 $\boldsymbol{P}$，该向量元素表示该节点属于某一社区的概率。设 $P[u]$ 表示标记节点 u 的概率。ICS-GNN 使用交叉熵作为 GNN 的损失函数，其中 $u.y$ 是 ICS-GNN 的标记结果。为使损失最小化，需要更新 u 的隐藏嵌入从而影响社区预测结果。

$$\mathrm{Loss}_l = -\sum_{u \in S} \Big[(u.y) \times \log_2 P[u] + (1 - u.y) \times \log_2 (1 - P[u]) \Big] \tag{6.17}$$

3. 搜索最大 GNN 分数的 k 大小社区

ICS-GNN 设计了近似的方法，从具有 GNN 分数的子图中找到 kMG 社区。直觉上，查询节点附近的节点有更多的机会被包含在社区中。可以由查询节点通过广度优先遍历来得到 k 个节点的初始化社区。具体地，将当前社区内得分较低的节点替换为外部得分较高的节点，同时保持社区的连通性。

图 6.12 描述了搜索 kMG 社区的基本思想。给定查询节点 a，假设用户在节点 k 上记了一个正标签，在节点 d 上记录了一个负标签。研究社区中节点的概率相对高于其他节点的概率。由查询节点 a 通过广度优先遍历得到的 5 个节点的社区如图 6.12(b) 所示。交换图 6.12(b) 中 GNN 得分最低的节点，如节点 j 是 k 的邻居，$P[b]=0.4$ 低于 $P[j]=0.8$，因此从图 6.12(b) 移除节点 b，将节点 j 加入社区。最后，图 6.12(c) 为最终获取的社区。

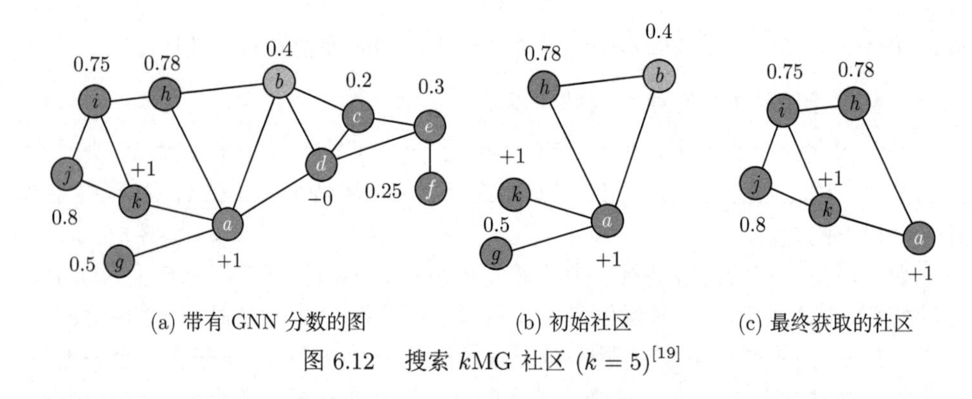

(a) 带有 GNN 分数的图　　(b) 初始社区　　(c) 最终获取的社区

图 6.12　搜索 kMG 社区 $(k=5)$[19]

近年来，深度学习的繁荣，尤其是图神经网络的发展，颠覆了传统机器学习特征工程的时代，将人工智能的浪潮推到了历史最高点。因此，将图神经网络技术应用到社区搜索领域的方式及结果备受关注。结合社区搜索任务特点，目前基于图神经网络的社区搜索方法多聚焦于特定网络间的特征融合、性能的提升以及缓解空间和时间耗费等方面。

6.4　本章小结

本章主要介绍了属性图上的社区搜索方法。首先，从不同的结构凝聚性指标出发，介绍了结合结构约束的属性社区搜索方法，旨在找到满足特定结构约束 (k-core、k-truss) 的属性相似性最大的社区。其次，考虑现实世界中网络携带的种类繁多的属性信息，介绍了面向画像图、面向时序图，面向地理社交图属性的社区搜索方法。最后，阐述了图神经网络在社区搜索上的应用，扩展了社区搜索的方法。

参考文献

[1] GUO T, CAO X, CONG G. Efficient algorithms for answering the m-closest keywords query[C]. The 2015 ACM SIGMOD International Conference on Management of Data, Melbourne, Victoria, Australia, 2015: 405-418.

[2] JIAN X, WANG Y, CHEN L. Effective and efficient relational community detection and search in large dynamic heterogeneous information networks[J]. Proceedings of the VLDB Endowment, 2020, 13(10): 1723-1736.

[3] FANG Y X, CHENG R. On attributed community search[C]. International Workshop on Mobility Analytics for Spatio-temporal and Social Data, Munich, Germany, 2017: 1-21.

[4] HUANG X, LAKSHMANAN L V S. Attribute-driven community search[J]. Proceedings of the VLDB Endowment, 2017, 10(9): 949-960.

[5] ZHENG Z, YE F, LIR H, et al. Finding weighted k-truss communities in large networks[J]. Information Science, 2017, 417: 344-360.

[6] HUANG X, CHENG H, QIN L, et al. Querying k-truss community in large and dynamic graphs[C]. The International Conference on Management of Data, Snowbird Utah, USA, 2014: 1311-1322.

[7] CHEN Y, FANG Y X, CHENG R, et al. Exploring communities in large profiled graphs[J]. IEEE Transactions on Knowledge and Data Engineering, 2019, 31(8): 1624-1629.

[8] LI R H, SU J, QIN L, et al. Persistent community search in temporal networks[C]. IEEE 34th International Conference on Data Engineering, Paris, France, 2018: 797-808.

[9] FANG Y X, CHENG R, LI X, et al. Effective community search over large spatial graphs[J]. Proceedings of the VLDB Endowment, 2017, 10(6): 709-720.

[10] WANG K, CAO X, LI N X, et al. Efficient computing of radius-bounded k-cores[C]. IEEE 34th International Conference on Data Engineering, Paris, France, 2018: 233-244.

[11] ZHU Q, HU H, XU C, et al. Geo-social group queries with minimum acquaintance constraints[J]. The VLDB Journal, 2017, 26(5): 709-727.

[12] ELZINGA J, HEARND W. Geometrical solutions for some minimax location problems[J]. Transportation Science, 1972, 6(4):379-394.

[13] LIU Q, ZHU Y F, ZHAO M J, et al. VAC: Vertex-centric attributed community search[C]. The 36th International Conference on Data Engineering, Dallas, USA, 2020:937-948.

[14] LUO J H, CAO X, XIE X K, et al. Efficient attribute-constrained co-located community search[C]. The 36th International Conference on Data Engineering, Dallas, USA, 2020: 1201-1212.

[15] JIANG Y, RONG Y, CHENG H, et al. Query driven-graph neural networks for community search: from non-attributed, attributed, to interactive attributed[J]. Proceedings of the VLDB Endowment, 2022, 15(6): 1243-1255.

[16] FOUTA M. Protein interface prediction using graph convolutional networks[D]. Colorado: Colorado State University, 2017.

[17] KIPFT N, WELLING M. Semi-supervised classification with graph convolutional networks[C]. The 5th International Conference on Learning Representation, Toulon, France, 2017: 1-14.

[18] JIANG Y LIN H, LI Y, et al. Exploiting node feature bipartite graph in graph convolutional networks[J]. Information Sciences, 2023, 628: 409-423.

[19] GAO J, CHEN J, LI Z, et al. ICS-GNN: Lightweight interactive community search via graph neural network[J]. Proceedings of the VLDB Endowment, 2021, 14(6): 1006-1018.

[20] HAMILTONW L, YING R, LESKOVEC J. Inductive representation learning on large graphs[C]. The 31st International Conference on Neural Information Processing Systems, Long Beach, USA, 2017: 1025-1035.

[21] CHURCH K W. Word2Vec[J]. Natural Language Engineering, 2017, 23(1): 155-162.

第 7 章 总结与展望

近年来，用于网络分析的机器学习技术迅猛发展。由于对现实世界具有重大影响，这一领域持续受到研究人员的广泛关注。尽管取得了令人欣喜的研究成果，但是将机器学习知识应用于网络分析的领域中，仍面临诸多挑战。本章将从社区发现与社区搜索两方面总结现存的待解决研究问题，展望未来研究方向。

7.1 社区发现总结与展望

社区发现作为图分析的重要任务之一，可帮助研究者深入分析图的形成机理及数据间的关联。本书的第 3、4 章中，旨在从经典的和基于深度学习的社区发现方法两个角度出发，分析总结近年来具有影响力的社区发现算法。结合现有工作，本节将给出社区发现领域未来的研究方向。

经典的社区发现方法中，依次从基于模块度、基于聚类及其他社区方法（基于随机块模型以及统计建模）的角度阐述采用传统机器学习方法捕获网络中社区的过程。然而，经典的社区发现方法获得高质量网络划分结果时，往往存在高昂的时间成本和计算成本。对于不同规模网络中社区的划分，经典的社区发现方法更是“举步维艰”。

由于深度学习技术高效且适应性强，对于大规模网络“游刃有余”的特点，基于深度学习技术的社区发现方法已跻身于主流社区发现方法中。此外，由于深度学习的优异表现，研究人员提出了很多框架，如 TensorFlow、PyTorch，这些框架可以兼容很多平台。然而，深度学习技术具有的硬件需求高、模型设计复杂、可解释性有限等问题有待解决。

不管是采用传统机器学习方法的经典社区发现方法，还是基于深度学习技术的社区发现方法，在数据准备和预处理方面，两者很相似。两类社区发现方法都可能对数据进行一系列操作：数据清洗、数据标记、归一化、去噪和降维。在数据准备和预处理之后，模型的设计方法有所区别。因此，网络中社区发现问题仍存在广阔的研究前景，以下总结部分社区发现未来研究方向，供有兴趣的研究人员参考。

1. 社区个数未知

社区发现任务中，由于社区个数未知而引发的挑战始终没有得到最佳解决方案[1]。在机器学习领域中，通常将社区发现视为一种无监督聚类任务，而现实世界网络中提取出的研究数据大多是没有标签的，因此很难获取到有关社区个数的先验知识。此外，大多数现有的基于深度学习的社区发现方法（尤其是深度图嵌入），通过计算潜在特征空间中节点之间的相似度来获取节点的分类结果。然而，在当下的聚类算法中，聚类个数仍然是需要被事先定义的参数。

对于社区个数未知这样的挑战，一个直接解决方案是通过分析网络拓扑结构来确定社区个数，并将社区个数整合到深度学习模型中。Bhatia 等[2]遵循这一思想，采用基于随机游走的个性化 PageRank 算法，通过将图重构为一种线性表示形式进行社区发现，并通过模块度的优化方法来调整参数。但是，这些方法并不能保证网络中的每个节点可以被分配到特定社区中，因此需要为社区发现任务研究新的模型，从而避免在分配社区的过程中漏掉图中某些节点。

2. 网络层次

网络层次反映了网络的层次化结构，它将位于独立层上的多个簇连接起来，从而形成更加复杂的网络，其中每一层都专注于特定的特征。对于多层次网络，基于深度学习的社区发现方法必须实现对于两种层次上的特征提取。

为了区分不同种类的连接，Song 等[3]提出了一种具有特殊子图设计的多层次 DeepWalk 模型，从而保存了层次化的网络结构。DeepWalk 模型的初衷是利用不同层之间的依赖，实际上这种依赖关系很容易被破坏。此外，还应该考虑与网络层数增加有关的可伸缩性问题。因此，在具有网络层次的基于深度学习的社区发现方法问题上，还有很大的研究空间。

3. 网络异质性

网络异质性是指网络中实体类型的显著差异，而各种各样的节点集合和集合之间复杂的联系形成了异质网络。因此，应该通过不同于同质网络的方式研究异质网络中的社区发现。在应用和研发深度学习模型和算法时，应该解决异质网络实体上的概率分布差异。

大多数较早的基于深度学习的社区发现方法并不是聚焦于网络的异质性而研发的。Chang 等[4]设计了一种非线性嵌入函数，用于捕获异质模块之间的交互信息。因此，未来在异质网络的研究上至少存在两个方面机遇：①异质网络表征的深度图嵌入学习模型以及相关的支撑算法；②采用新型训练过程的特定深度学习模型，旨在学习隐藏层中的异构图属性。

4. 符号网络

符号网络是指边具有正符号或负符号属性的网络，其中正边和负边分别表示积极的关系和消极的关系。例如，社会领域中人与人之间存在朋友和敌人关系，生物领域里神经元之间存在促进和抑制关系等。在符号网络的环境下，用于社区发现的深度学习方法面临的挑战：一方面，负边对网络的形成、结构演化、动力学等都具有重要的影响；另一方面，负边的引入对研究思路和方法也提出了挑战。如何正确定位负边的作用与意义以及如何合理处理正边和负边之间的作用关系是符号网络研究的关键和难点。

针对上述符号网络中存在的问题，一种可能的解决方案是通过设计一种随机游走过程引入正关系边和负关系边。Hu 等[5]遵循这一思路提出了一种基于词嵌入技术的稀疏图嵌入模型。但是，该方法在一些小型的真实世界符号网络中的性能要差于作为对比基线的谱方法。另一种可能的解决方案是重建一个符号网络的邻接矩阵表征形式。然而，这又面临着另外一个问题，即现实世界中的绝大部分连接是正关系。Shen 等[6]设计了一种新的策略，其设计的栈自编码器模型更加关注重建稀缺的负边而不是已有的正边。然而，在大多数情况下，并不能获取关于大量节点的社区分配信息。因此，在符号网络中，社区发现这种高效的无监督方法仍然有待深入探索。

5. 社区嵌入

社区嵌入是一个新兴的研究领域，这种方法将对社区而不是每个独立的节点进行嵌入表示。社区嵌入聚焦于捕获社区的高阶近似信息而不是获取社区中节点邻居之间的 1 阶或 2 阶近似关系。未来，社区嵌入研究面临的挑战：①高昂的计算开销；②节点和社区结构之间的关系评估；③采样基于深度学习技术的社区发现模型时面临的其他问题等。

设想下，是否存在一种智能方法，能够通过自动选择针对节点和/或社区的表征模块来支撑社区嵌入。为此，Liu 等[1]建议从以下研究目标入手：①将社区嵌入整合到一个深度学习模型；②寻找为了达到“计算得更快”这样的目标而直接嵌入社区结构的方法；③优化整合深度社区发现学习模型中的超参数策略。

6. 网络的动态性

网络的动态性主要包含两种情况：网络拓扑的变化及在固定拓扑结构上属性的变化。网络拓扑变化会引起社区的演化。例如，添加或删除一个节点会影响全局的网络连接，从而改变社区结构。对于静态网络来说，深度网络社区发现学习模型在面对每个网络时，需要重新训练。对于静态网络中的时序属性，技术上的挑战在于对流数据的深度特征提取，这些流数据的概率分布和属性随时会变化，因此引入图数据作为深度学习模型输入的另一部分。

针对时间和空间维度上的动态特性，目前还未建立用于社区发现的深度学习模型。未来的研究方向包括：①发现并识别社区之间的空间变化；②学习深度模式，同时对时序特征和社区结构信息进行嵌入；③为社区发现任务寻找一种能够同时处理时间和空间特征统一的深度学习方法。

7. 大规模网络

大规模网络指的是拥有数以百万计的节点和边、大规模结构化模式和高度动态性的大型网络。因此，大规模网络有其固有的规模特性（如社交网络中与规模无关的特性、节点度的概率分布特性），这些特性会影响社区发现任务中的聚类系数。此外，通过分析有关高维邻接关系的近似度度量，研究人员将分布式计算应用于大规模网络可扩展的学习，但同时也面临着计算复杂的问题。不断变化的网络拓扑进一步增加了近似度估计的难度。总而言之，大规模网络中的社区发现涉及上述所有提到的挑战，以及可扩展学习方面的挑战。

大规模网络（如 Facebook 和 Twitter）不仅提出了挑战，而且催生了设计更先进的深度学习方法的机遇。为了充分利用大规模网络中的丰富信息，社区上的聚类任务需具有较低的计算复杂度和灵活性。另外，深度学习中用到的关键数据降维方法（即矩阵低秩近似）并不适用于大规模网络，在分布式计算场景下的计算成本也很高昂。因此，急需新型的深度学习框架、模型和算法。需明确，研发应用于大规模网络的深度学习方法需要通过精度和速度来评估，这种评估方式可能是最大的挑战。

7.2　社区搜索总结与展望

社区搜索旨在查找用户感兴趣的个性化社区。现有的社区搜索方法主要面向拓扑图和属性图。本节主要对第 5 章和第 6 章拓扑图上的社区搜索方法和属性图上的社区搜索方法进行总结，并结合现有工作提出社区搜索领域未来的研究方向。

作为网络分析中的一个基本问题，社区搜索旨在提取包含一组查询节点的局部社区。与社区发现不同，社区搜索更关注局部结构和用户的个性化需求。将个性化需求整合到社区搜索的过程在专家推荐和团队组建、个人背景发现、社会关系建模和蛋白质分析网络中有广阔的应用前景。针对网络类型的不同，现有的社区搜索方法主要从针对拓扑图和属性图这两方面展开。本书在第 5 章和第 6 章分别对其进行了详细介绍。

面向拓扑结构的社区搜索方法主要分为基于内聚子图的社区搜索方法、基于优化评价指标的社区搜索方法、基于其他社区搜索方法（如随机游走、邻域扩展和基于谱子空间等）和基于异构图的社区搜索方法四类。基于内聚子图的社区搜索模型本质是通过不同的内聚性要求来找到满足结构约束的查询节点所在社区。针对不同的度量指标，研究人员提出了不同的社区搜索模型。对于基于优化评价指标的社区搜索模型而言，旨在通过最大化或最小化给定的社区质量评估函数来扩展社区。基于其他方法的社区搜索模型被研究人员提出以缓解基于内聚指标和评价指标优化社区搜索模型所带来的效率问题。除此之外，由于异构图的丰富语义信息和节点类型，基于异构图的社区搜索方法逐渐受到了研究人员的广泛关注。

现实网络属性信息的激增使得针对属性图的社区搜索任务逐渐受到了研究人员的关注。第 6 章主要从结合结构约束的属性社区搜索方法、特定属性图上的社区搜索方法和基于图神经网络的社区搜索方法三方面展开。第 6 章还对几类特殊的属性图上的社区搜索方法进行了详细的总结，如画像图、时序图和地理社交图等。此外，受深度学习和图卷积网络在许多图学习问题中取得巨大成功的启发，研究人员设计了基于图神经网络的社区搜索方法来增强数据间的联系，减少在线社区搜索方法的成本。

以上两类社区搜索方法均服务于用户的个性化需求，在个性化推荐、定向广告和蛋白质分析领域有着广泛的应用前景。接下来介绍部分待探索的社区搜索的研究方向。

1. 查询参数的优化

除了查询节点之外，大多数现有社区搜索任务的查询都要求用户输入一系列参数。例如，内聚子图（即 k-core，k-truss 等[7,8]）的超参数 k，该参数控制返回社区的结构凝聚性。对于属性图，现有工作还要求用户输入与属性相关的一些参数。例如，在 ACQ[9] 和 ATC[10] 中，需要一组查询关键字。虽然这些参数为查询提供了强大的灵活性和个性化的优势，但用户可能不容易为这些参数设置适当的值。例如，如果整数 k 太大，则可能产生错误查询，即查询返回空结果。另外，如果 k 太小（如 k=1 或 2)，则返回的社区可能包含太多节点，这可能使社区变得毫无意义。

大多数现有的社区搜索工作假设用户可以为这些参数输入适当的值，然而，该假设不符合实际，尤其是当用户对底层网络知之甚少时。为了给用户建议合理的查询参数，当前可能的研究方向分为两个方面：①利用历史查询日志自动建议参数值；②研究如何使用众包平台（如文献 [11]）来提升查询建议的准确性。

2. 内聚性度量的拓展

如第 5 章所述，在社区搜索的解决方案中，一个社区需要满足某些结构内聚性指标，即内聚子图。从本质上讲，内聚性指标定义了社区的结构特征。对于结构的内聚性，还有许多其他内聚性模型尚未推广到不同类型图上的社区搜索。因此，使用这些模型研究社区搜索将是具有挑战且有意义的，如将 k-core、k-truss 等推广到异构图、属性图、符号图等。

大多数现有的社区搜索解决方案仅关注一种特定类型的属性（如关键字），然而对于许多实际应用，这可能具有一定的局限性和不足，这是因为真实图通常涉及多种类型的属性。例如，Facebook 用户通常与由位置和时间戳组成的用户画像、职位和登记记录相关联。基于对属性多样性的考虑，如何从具有各种类型属性的图中搜索社区变得尤为重要。因此，需要研究利用多种类型的属性来执行社区搜索任务。

3. 图类型的多样性

随着对网络结构的深入研究，提出了许多新颖的网络结构，具有代表性的网络模型总结如下。

(1) 公共–专用网络[12]：在公共–专用网络（如 Facebook）中，存在公共图和私有图。公共图包含一组节点和一组对网络中所有用户可见的边。特别地，每个节点与特定的私有图相关联，其中私有图的节点是来自公共图的节点，并且每一个用户都有一个仅为自己所知的私有图。

(2) 不确定图[13]：在许多实际应用中（如生物学），图数据通常是有噪声的、不精确的和有缺失的，它们可以被建模为不确定图，其中每条边与表示其存在的概率值相关联。

(3) 符号图[14]：带符号的图是边携带符号信息的图。例如，在社交网络中，两个用户的关系是积极的（如友谊）或消极的（如敌意）。据此，用户的关系可以建模为符号图。

(4) 多维图[15]：在许多场景中，图通常包含各种类型的边，这些边表示实体间不同类型的关系，这种类型的图通常被称为多维图，多层图或多视图。

(5) 异构信息网络[16]：异构信息网络（又称异构图）是涉及多种类型实体和多种类型边的网络。例如，DBLP 网络有四种类型的节点，即作者、论文、会议和研究领域。

目前，还没有第 (1)~(4) 类型图上的社区搜索研究，在异构图上的社区搜索研究仅仅是初步给出了异构图上的社区定义以及较为朴素的社区定位算法，对于充分利用异构图上的多维语义信息和拓展异构图上的社区定义还没有深入研究。因此，需要研究不同图上的社区定义以及寻找捕获社区的有效方法。

4. 大型图上的社区搜索

大多数现有的社区搜索研究假设图可以存储在单个机器的存储器中。用于实验评估的图的规模通常是百万级别的（即拥有百万个节点和百万条边），只有少数方法能够处理十亿规模的图。然而，在许多真实图中（如 Facebook），图可能涉及数十亿个节点和边。现有的社区搜索的解决方案可能无法在合理的时间成本内处理如此规模的大型图。因此，如何在这样的大型图上有效地执行在线社区搜索是一项具有挑战性的任务。

对于单个机器无法保存的大图，一些可能的研究方向如下：首先，可以考虑设计基于分布式计算平台的查询算法（如 GraphX[17]）；其次，为了节省内存空间，可以将图数据保存在磁盘上并设计 I/O 高效的查询算法。

5. 代码和数据集的在线存储库

对于大多数社区搜索模型，它们的算法和数据集代码并不公开，因此需要构建一个在线存储库来保存这些代码和数据集。这样做的好处主要有两方面：①对于研究人员来说，代码和数据集可以作为比较研究的基准；②从业者可以轻松地将这些社区搜索算法移植到其应用程序中，而无须重新复现。

可以将普适性和健壮性优越的代码和数据集集中存储到服务器中，建立共享的平台，将这些奠基性的工作分享给社区搜索研究领域的科学团队。

7.3 本章小结

在真实世界中，人们生活在各种各样的网络环境里，形形色色的网络数据蕴含着大量丰富的信息，发现这些网络的内在特征信息有助于全面地了解周围的网络环境（尤其是在社交网络中），因此研究高效的网络分析方法显得尤为重要。本章主要总结网络中社区发现与社区搜索两大领域的研究特点，并提出未来的研究方向。

参考文献

[1] LIU F, XUE S, WU J, et al. Deep learning for community detection: Progress, challenges and opportunities[C]. 29th International Joint Conference on Artificial Intelligence, International Joint Conferences on Artificial Intelligence, Yokohama, Japan, 2020: 4981-4987.

[2] BHATIA V, RANI R. A distributed overlapping community detection model for large graphs using autoencoder[J]. Future Generation Computer Systems, 2019, 94: 16-26.

[3] SONG H, THIAGARAJAN J J. Improved deep embeddings for inferencing with multi-layered graphs[C]. 2019 IEEE International Conference on Big Data, Los Angeles, USA, 2019: 5394-5400.

[4] CHANG S, HAN W, TANG J, et al. Heterogeneous network embedding via deep architectures[C]. The 21th ACM SIGKDD International Conference on Knowledge Discovery and Data Mining, Sydney, Australia, 2015: 119-128.

[5] HU B, WANG H, YU X, et al. Sparse network embedding for community detection and sign prediction in signed social networks[J]. Journal of Ambient Intelligence and Humanized Computing, 2019, 10(1): 175-186.

[6] SHEN X, CHUNG F L. Deep network embedding for graph representation learning in signed networks[J]. IEEE Transactions on Cybernetics, 2018, 50(4): 1556-1568.

[7] SPZIO M, GIONIS A. The community-search problem and how to plan a successful cocktail party[C]. The 16th ACM SIGKDD International Conference on Knowledge Discovery and Data Mining, Washington D C, USA, 2010: 939-948.
[8] CUI W, XIAO Y, WANG H, et al. Local search of communities in large graphs[C]. The 2014 ACM SIGMOD International Conference on Management of Data, New York, USA, 2014: 991-1002.
[9] FANG Y, CHENG R, LUO S, et al. Effective community search for large attributed graphs[J]. Proceeding of the VLDB Endowment, 2016, 9(12): 1233-1244.
[10] HUANG X, LAKSHMANAN L V S. Attribute-driven community search[J]. Proceeding of the VLDB Endowment, 2017, 10(9): 949-960.
[11] Amazon mechanical turk[EB/OL]. (2018-05-17)[2022-04-26]. https://www.mturk.com/.
[12] ARCHER A, LATTANZI S, LIKARISH P, et al. Indexing public-private graphs[C]. The 26th International World Wide Web Conferences, Perth, Australia, 2017: 1461-1470.
[13] HU J, CHENG R, HUANG Z, et al. On embedding uncertain graphs[C]. The 2017 ACM on Conference on Information and Knowledge Management, Singapore City, Singapore, 2017: 157-166.
[14] YANG B, CHEUNG W, LIU J. Community mining from signed social networks[J]. IEEE Transactions on Knowledge and Data Engineering, 2007, 19(10): 1333-1348.
[15] FANG Y, ZHANG H, YE Y, et al. Detecting hot topics from twitter: A multiview approach[J]. Journal of Information Science, 2014, 40(5): 578-593.
[16] SHI C, LI Y, ZHANG J, et al. A survey of heterogeneous information network analysis[J]. IEEE Transactions on Knowledge and Data Engineering, 2016, 29(1): 17-37.
[17] GONZALEZ J E, XIN R S, DAVE A, et al. Graphx: Graph processing in a distributed dataflow framework[C]. The 11th USENIX Symposium on Operating Systems Design and Implementation, Broomfield, USA, 2014: 599-613.